Manual para detectar la impostura científica:

EXAMEN DEL LIBRO DE DARWIN POR FLOURENS

Traducción al español y comentarios de Emilio Cervantes Ruiz de la Torre.
IRNASA-CSIC. Apartado 257. Salamanca. España

EXAMEN

DU LIVRE DE M. DARWIN

SUR

L'ORIGINE DES ESPÈCES

PAR

P. FLOURENS

MEMBRE DE L' ACADÉMIE FRÀNCAISE & SECRÉTAIRE PERPÉTUEL DE L'ACADÉMIE DES
SCIENCES
(INSTITUT DE FRANCE);

MEMBRE DES SOCIÉTÉS ET ACADÉMIES ROYALES DES SCIENCES DE LONDRES,
EDIMBOURGH, STOCKOLM, GŒTTINGUE, MUNICH, TURINI SAINT-PETERSBOURG,
PRAGUE, PESTH, MADRID, BRUXELLES, ETC.

PROFESSEUR AU MUSÉUM D'HISTOIRE NATURELLE

ET AU COLLÉGE DE FRANCE.

PARIS

GARNIER FRÈRES, LIBRAIRES-ÉDITEURS S
6, RUE DES SAINTS-PÈRES, ET PÀLÂIS-HOTAL, 215

1864

**Traducción al español y comentarios de Emilio Cervantes. IRNASA-CSIC.
Apartado 257. Salamanca. España**

Índice

RESUMEN

La primera edición de El Origen de las Especies por Medio de la Selección Natural o la Supervivencia de las Razas Favorecidas en la Lucha por la Vida, de Charles Darwin, se publicó en Londres en noviembre de 1859. Para la primera edición francesa, Clémence Royer tradujo la tercera edición inglesa de 1861 y añadió un prefacio de cuarenta páginas, publicándose la obra en Paris (Guillaumin ed., 1863) con el título *De l'origine des espèces ou des lois du progrès chez les êtres organisés*. Pierre Flourens (1794-1867), que a la sazón había sido secretario permanente (*Secrétaire perpétuel*) de la Académie des Sciences durante treinta años, y tenía una larga trayectoria en investigación médica a sus espaldas, leyó esta obra y escribió rápidamente su crítica en el libro titulado *"Examen du Livre de Darwin sur l'Origine des Especes"*, publicado en Paris (Garnier Frères ed., 1864), del que ahora presentamos la primera edición en español. El libro de Flourens, publicado cuando su autor tenía setenta años, es prueba del rigor académico al criticar punto por punto el Origen de las Especies, obra que, sin duda, había leído a conciencia.

Flourens pone de manifiesto en su libro cuatro debilidades importantes de la obra de Darwin:

1. Abuso del lenguaje.
2. Desconocimiento elemental de la Historia Natural.
3. Falta de originalidad : Darwin copia de Lamarck.
4. Eugenesia, esa peligrosa doctrina social que se encuentra detrás de la Supervivencia de los más aptos.

La crítica contenida en *"Examen du Livre de Darwin sur l'Origine des Especes"* provocó pronto una repuesta de Thomas Huxley. En su respuesta, publicada en *The Natural History Review* de 1865, con el título *"Criticisms on The Origin of Species* (1864)" Huxley deja sin responder los principales argumentos de Flourens, quien no dispuso de mucho tiempo más para contrarréplicas. Acompañan a esta primera edición en español del libro de Flourens la respuesta de Thomas Huxley y mis comentarios a la misma.

PRESENTACIÓN

1. Ciencia y Pseudociencia

En su obra titulada "La Cientificomanía", publicada en Salamanca en 1895, el profesor de matemáticas y humanista Juan Domínguez Berrueta (1866-1959) habla de la moderna pseudociencia, dama algo arrogante y pretenciosa y de quienes la practican, a los que llama neosabios. Compara a la primera con Dulcinea del Toboso y llama caballero andante al neosabio:

«Conmigo sois en batalla si no creéis en lo que no habéis visto».

Como don Quijote a los mercaderes, el neosabio, sacerdote de la moderna pseudociencia nos obliga a aceptar sus premisas y creer en sus dogmas. Esta nueva ciencia, protagonista de la obra de Domínguez Berrueta, aspira a usurpar el puesto de la fe siendo una cosa y su contraria, ciencia y pseudociencia, al mismo tiempo:

Hay algo que ahora llaman

ciencia, que es lo mismo

que la ciencia cuyo augusto

nombre todos veneramos

sólo que es todo lo contrario.

Miguel de Unamuno (1864-1936), quien en su Salamanca anduvo por los mismos lugares que Domínguez Berrueta, planteaba la cuestión en "El Sentimiento Trágico de la Vida" de esta manera: *¿Se hizo el hombre para la ciencia, o se hizo la ciencia para el hombre?* Porque si la primera opción es válida y el ser humano ha de estar al servicio de la ciencia, entonces no se ve manera alguna para gobernar ésta ciencia que, al quedar desgobernada se convierte en pseudociencia, es decir en instrumento de manipulación, herramienta al servicio del poder.

Otros autores después de Domínguez Berrueta y de Unamuno han seguido advirtiendo con firmeza sobre los peligros de una ciencia dominadora, pseudociencia que, desde lo alto, y mediante autoridad impuesta, viene a convertirse en religión, haciendo del ser humano su esclavo. Así, Agustín García Calvo (1926-2012) en el Prólogo a su traducción de la obra de Lucrecio *De Rerum Natura* (1997) indica:

Que luego la ciencia se convierta, como de hecho se ha convertido hoy día, a vueltas de la Historia, en la Religión principal y dominadora de nuestro mundo, al abrigo de cuyo templo las reliquias de las otras religiones sin vergüenza alguna se cobijan, bien, no importa: la lucha contra la Religión sigue teniendo siempre su sentido; y también contra esa otra forma de Religión que es la fe en la Ciencia de la Realidad, aunque

Lucrecio no esté ya aquí para decírnoslo, siguen valiendo lo más hondo de sus razones y el embate de sus versos.

"La Cientificomanía" y "El Sentimiento Trágico de la Vida", obras publicadas hace más de cien años, no son productos de la ambigüedad ni de la picaresca. Sus autores no divagaban al escribir ni se referían a problemas viejos o cuestiones rancias. Tampoco era su intención engañar al lector. Agustín García Calvo no tradujo a Lucrecio para burlarse de sus lectores. Los tres autores, honestos en sus planteamientos, lanzan un aviso, una llamada de atención, frente a los peligros de una ciencia convertida en religión impuesta por la autoridad. Convendrá pues distinguir si es posible entre las dos alternativas: la Ciencia al servicio del ser humano y la otra, la ciencia de neosabios o pseudociencia, cuya finalidad es, por el contrario, crear esclavos. Habrá que identificar las características distintivas de cada una de ellas y, en cada caso particular, separar el grano de la paja. A tal efecto tomaremos el escalpelo e introduciéndolo en el correspondiente sector del ya voluminoso cuerpo de la producción científica intentaremos separar en él sus elementos sanos de los enfermos. La disección se basará en el más depurado análisis del lenguaje, del que pronto veremos algunos ejemplos y revelará la marca o estigma ineludible y principal de la pseudociencia: Un lenguaje deteriorado, es decir dominado por la ambigüedad. Cuando la ambigüedad impregna el lenguaje, la ciencia se convierte en pseudociencia. Tanto Unamuno como Domínguez Berrueta se refieren en sus libros mencionados a la evolución, al evolucionismo, a Darwin y al darwinismo. No son los únicos que, pensando en dogmas científicos impuestos, vinieron a parar a estos agitados terrenos. La Obra de Charles Darwin titulada *Sobre el Origen de las Especies por Medio de la Selección Natural o la Preservación de las Razas Favorecidas en la lucha por la Vida* es ejemplo de esta ambigüedad tan perniciosa que invade la ciencia para convertirla en pseudociencia. Al fundar la moderna disciplina de la evolución, Darwin desarrolló un lenguaje lleno de personificaciones, equívocos e incorrecciones, ejemplo de pseudociencia, una auténtica máquina incapaz de distinguir (Cervantes, 2011).

2. Evolución y Pseudociencia

Mary Midley, profesora de filosofía en el Reino Unido, tituló a uno de sus libros "Evolution as a Religion", la Evolución como Religión, invitando a pensar si acaso algunos sectores de la ciencia, y en particular la evolución, no estarán usurpando las funciones de la religión. Entre los autores españoles contemporáneos, el profesor Máximo Sandín desde la Universidad Autónoma de Madrid, ha puesto de manifiesto en sus artículos y en sus libros aspectos de la teoría evolutiva sospechosos de alto contenido pseudocientífico. Por poner un ejemplo, el profesor Sandín llama a la obra "El Gen Egoísta" de Dawkins, la Segunda Gran Catástrofe de la historia de la Biología. El lector puede suponer cuál habrá sido la primera y descubrirá pronto algunos aspectos compartidos entre ambas, pero no hay más que leer el título de tan publicitada y celebrada obra: *El Gen Egoísta*, para percibir un abuso del lenguaje que se viene a confirmar pronto en la lectura de sus páginas. La expresión *Gen Egoísta* pronunciada por una sola vez podría tomarse por broma pasajera o chascarrillo; pretender tomárselo en serio y abundar en la idea de que los genes, las unidades de información en las moléculas de DNA, son verdaderamente egoístas, de que luchan y compiten entre sí, se convierte en una peligrosa aventura en los terrenos de la pseudociencia realizada sólo mediante un doble abuso: del lenguaje y de la paciencia del lector, realizado en connivencia con poderosas editoriales. El autor abusa de la personificación y derrocha asimismo ambigüedad en otro ejemplo de pseudociencia, es decir, generación de confusión al servicio del poder. No en vano, en su prólogo al Origen de las Especies, (Dutton, Everyman Library, EP Dutton &Co., 1956) dijo William Thompson:

El éxito del darwinismo fue acompañado por una decadencia en la integridad científica

Y también:

Esta situación, de hombres de ciencia que acuden en defensa de una doctrina que no pueden definir científicamente, y mucho menos demostrar con rigor científico, en un esfuerzo por mantener la honra de ésta ante el público mediante suprimir la crítica y echar a un lado las dificultades, es anormal e indeseable en la ciencia

La estrategia Confusión-Control consiste en el empleo inmoderado de ambigüedades y el desarrollo de giros del lenguaje carentes de contenido, sin conexión alguna con la realidad, *flatus vocis* o fantasmas semánticos cuya función es poner al lector en un estado hipnótico, como de trance y a disposición del escritor, de su autoridad de "neosabio". La libre producción de fantasmas semánticos permite manipular libremente la opinión del ciudadano y controlar su pensamiento: Los genes egoístas, la selección natural, la selección inconsciente, el materialismo filosófico, son buenos ejemplos de ello, equivalentes al negroblanco o al doblepensar, términos del diccionario de Neolengua, elaborado por el poder para manipular a sus súbditos en la novela 1984 de Orwell. Nos encontraríamos así con que, en algunos casos, lamentablemente ya muchos, tanto en biología como en filosofía, el diálogo no se rige por la razón sino por la autoridad. Exactamente como Orwell predijo en su novela: *quien controla el lenguaje, controla el pensamiento* y así:

..no habrá un solo ser humano vivo que pueda entender una conversación como la que estamos teniendo ahora...............

Personificaciones sin ton ni son, engaños y artimañas, usos y costumbres descritos en el género literario de la picaresca, han invadido hace tiempo la literatura científica. Juegos de palabras y manipulaciones que a los habitantes de las riberas del Tormes no nos cogen inadvertidos. Pero, ...un momento, ¿no estaremos exagerando un poco?, ¿acaso es frecuente encontrar este tipo de trucos en la literatura sobre evolución?

En el prólogo a su libro titulado *Epigenetic Inheritance and Evolution*, Eva Jablonka y Marion Lamb aportan buenas pruebas a favor del lamarckismo y la herencia de caracteres adquiridos. Sin embargo, la osadía de publicar un libro tan "atrevido" e infiel al dogma, tomando partido por lo que había sido políticamente incorrecto durante tantas décadas, requería una compensación. Las autoras tuvieron que demostrar su fidelidad al sistema imperante en biología: El darwinismo. Esto queda de manifiesto desde las primeras páginas del libro. Amén de citar un número elevado de veces a Darwin, y de dedicarle un número de páginas excesivo a Weismann, importante defensor del darwinismo en Alemania, hacen pública la manifestación de su fe y directamente en el segundo párrafo del primer capítulo leemos:

We want to make it clear right at the outset that although we argue that some types of Lamarckian evolution are possible, there is nothing in what we say that should be considered as being anti-Darwinian[1]

O sea:

Queremos dejar bien claro desde el comienzo que aunque argumentamos que algunos tipos de evolución lamarckiana son posibles, nada hay en los que decimos que se pueda considerar anti-darwinista.

Hasta ahí la frase suena un poco exculpatoria, pero eso no es grave. Sin embargo, algo queda suspendido en el aire, como ése número 1 en el superíndice que indica una llamada al margen, que nos deja como inquietos, en espera de una respuesta. La respuesta no tarda en llegar y todo se resuelve cuando acudimos a leer lo que está escrito en la correspondiente llamada al final del capítulo. Es esto:

We feel it necessary to stress our belief in Darwinian evolution because recent history has shown that any argument suggesting that Darwinian evolutionary theory should be modified or atended is liable to be used by Creationists as evidence that the theory of evolution is wrong. Like most darwinians, we believe that Darwinian evolutionary theory is a flexible theory, quite capable of accomodating modifications and amendments.

Consideramos necesario remarcar nuestra creencia en la evolución darwinista porque la historia reciente ha mostrado que cualquier argumento que sugiera que la teoría evolutiva darwinista se deba modificar puede ser utilizado por creacionistas como evidencia de que la teoría de evolución es incorrecta. Como muchos darwinistas, creemos que la Teoría Evolutiva darwinista es una teoría flexible que puede acomodar modificaciones y arreglos.

Fíjense en el razonamiento: *Consideramos necesario remarcar nuestra creencia*. Hemos de afianzar nuestra creencia en la evolución darwinista porque la historia demuestra que todo argumento a favor de modificarla se acaba convirtiendo en decir que la teoría está equivocada.

Curioso modo de razonar desde perspectivas científicas. Así, aunque la obra de Darwin estuviese plagada de personificaciones, errores y ambigüedades, habría que conservarla y cuidarla, vienen a decir las autoras, porque en caso contrario, los creacionistas ganarían la partida. Queda demostrado que la más poderosa razón de ser del darwinismo es esa fe en pugna con el creacionismo y vamos ya entendiendo el título del libro de Midley (*Evolution as a Religión*) y las afirmaciones de García Calvo (*Que luego la ciencia se convierta, como de hecho se ha convertido hoy día, a vueltas de la Historia, en la Religión principal y dominadora de nuestro mundo*), aunque todavía pueda haber a estas alturas quien se asombre al oír que el darwinismo sea una religión y que su origen verdadero y principal motor consista en la suplantación de la religión.

Toca ahora reflexionar: ¿el invento del creacionismo; sirve o no para afianzar la construcción evolutiva darwinista? ¿Quién es el principal beneficiado por la aparición del creacionismo? Y si quieren, una vez contestadas estas preguntas pasen a la siguiente: ¿Será el creacionismo un invento darwinista? Es posible puesto que la primera vez que aparece tal palabra por escrito (*immovable creationist*) es en la correspondencia entre Darwin y sus defensores: Huxley, Hooker, Lyell. Los tres miembros de la Royal Society. El primero, su presidente. Científicos inventando palabras desde los círculos próximos al poder. ¿Les suena? Seguro que sí si han leído 1984, de Orwell: Ingsoc es Neolengua y Neolengua es Ingsoc.

3. Críticos del darwinismo

El libro de Máximo Sandín arriba indicado contiene una rigurosa crítica del darwinismo. Es un buen comienzo para el lector que quiera conocer opiniones alternativas a los puntos de vista oficiales. Pero ¿Hay acaso otros científicos que se hayan mostrados críticos con los puntos de vista del darwinismo? Sí y muchos. Desde el mismo momento de la publicación de El Origen de las Especies las críticas arreciaron, pero sus defensores han sido siempre numerosos y han estado relacionados con centros de Poder, lo cual ha permitido que sus versiones se difundiesen mucho más que las de sus críticos: la Royal Society, Universidades e Instituciones Académicas y poderosas editoriales han defendido las posiciones darwinistas. En las páginas web del llamado Proyecto Darwin (*Darwin Project* o *Darwin online*) se ofrece una gran cantidad de información; también hay en ellas importantes ausencias, por ejemplo la carta que Karl Ernst von Baer escribió a Darwin el cinco de mayo de 1873 (http://www.darwinproject.ac.uk/entry-8900). von Baer fue el fundador de la embriología comparada con su libro *Über Entwickelungsgeschichte der Thiere* (1828), en el que describía el óvulo de mamíferos. ¿Qué habría escrito en su carta von Baer para que tarde ésta tanto tiempo en publicarse? No lo sabemos, pero en el libro que contiene su correspondencia con Anton Dohrn (1840-1909), editado por Christiane Groeben para la American Philosophical Society (1993), leemos que von Baer escribió:

No puedo dejar de creer que la transformación es muy probable, pero no puedo aceptar la hipótesis de selección de Darwin como una explicación satisfactoria

Y por qué, nos preguntamos, ¿por qué von Baer no encontraba satisfactoria la explicación de Darwin? Puede ser debido a varios motivos. El primero y principal es el que antes llamábamos la marca o estigma ineludible de la pseudociencia: Un lenguaje deteriorado, viciado, es decir lleno de ambigüedades, contradicciones, personificaciones y errores. Darwin abusa del lenguaje y este es el primer aspecto a tener presente en su crítica. Así lo destacó por ejemplo el anónimo autor de un artículo publicado en *The Edinburgh Journal* de Abril de 1860 (páginas 487-532), que se ha atribuido a Richard Owen (1804-1894) entonces en el Museo de Historia Natural de Londres, que planteaba la cuestión en estos términos:

> *El origen de las especies es la pregunta de las preguntas en Zoología, el problema supremo que los más sobresalientes de nuestros originales naturalistas, los pensadores más claros de la zoología, y los generalistas de mayor éxito, nunca han perdido de vista, mientras que se han acercado con la debida reverencia. Tenemos derecho a esperar que la mente que se proponga tratarlo y suponga haber resuelto el problema, deberá mostrar su nivel con semejante tarea. Los signos del poder intelectual que buscamos se encuentran en la claridad de expresión y en la ausencia de todo término ambiguo o sin sentido.*

Para concluir así:

> *El elemento esencial en la compleja idea de especie, tal como ha sido diversamente enmarcado y definido por los naturalistas, a saber el parentesco entre todos los individuos que las componen, es aniquilado en la hipótesis de "selección natural". Según este punto de vista un género, una familia, un orden, una clase, un sub-reino, – los individuos que representan a estos grados de diferencia o relación, – ahora se diferencian de los individuos de la misma especie sólo por grado: la especie, como cualquier otro grupo, es una mera criatura del cerebro, ya no es de la naturaleza. Con la evidencia actual obtenida a partir de la forma, de la estructura, y de los fenómenos de la procreación, a favor de la verdad de la proposición opuesta, que «la clasificación es la tarea de la ciencia, pero las especies del trabajo de la naturaleza," creemos que este aforismo perdurará; estamos seguros de que todavía no ha sido refutada, y lo repetimos en las palabras de Linneo, «Classis et Ordo est Sapientiæ, Especies Opus Naturæ '[Clase y Orden son obra de la sabiduría humana, la especie es la obra de la naturaleza].*

Y es que toda crítica científica parte del análisis del lenguaje, porque según frase atribuida a Marañón, en ciencia, la claridad es la única estética permitida.

La Selección Natural, o supervivencia de los más aptos, idea central del libro de Darwin es un error. Así lo vio Karl Popper en su obra Conjeturas y Refutaciones: El Crecimiento del Pensamiento Científico:

> *No existe ninguna ley de la evolución, sino sólo el hecho histórico de que las plantas y los animales cambian, o, más precisamente, que han cambiado. La idea de una ley que determine la dirección y el carácter de la evolución es un típico error del siglo XIX que surge de la tendencia general a atribuir a la "Ley Natural" las funciones tradicionalmente atribuidas a Dios.*

Y más precisamente, una tautología como lo describe Robert Henry Peters en su artículo titulado Tautology in Evolution and Ecology, publicado en 1976:

> *A pesar de que la evolución darwiniana sigue siendo uno de los grandes conceptos unificadores de la biología, su utilidad ha sido cuestionada. Las dificultades en la definición de "apto" en la frase "la supervivencia del más apto", han llevado a algunos autores a concluir que la teoría de Darwin es una fórmula sin sentido porque al parecer la aptitud es equivalente a la supervivencia (Waddington 1957; Coffin, citada en el Scriven 1959). La prueba de la teoría evolutiva mediante la observación es, en el mejor de los casos, extremadamente difícil (Slobodkin 1968; Orians 1973), y Scriven (1959) sugiere que no es esperable. Birch y Ehrlich (1967) sostienen que nuestra teoría de la evolución "no es necesariamente falsa", pero sí "fuera de la ciencia empírica".*

La selección natural, la supervivencia de los más aptos, no es otra cosa que la supervivencia de los que sobreviven, es decir, una tautología. Nada que ayude a avanzar en el conocimiento. Nada que pueda ser demostrado ni refutado o tener valor científico alguno. La primera y principal crítica de Darwin es por lo tanto, una crítica del lenguaje. Su idea central, la Selección Natural es todo (hecho, mecanismo, proceso, teoría, ley, ley natural, etc.....) pero al mismo tiempo no es nada, porque es sólo una metáfora, una personificación. La obra de Darwin contiene la marca o estigma ineludible de la pseudociencia: La ambigüedad propia de un lenguaje deteriorado. En la crítica que Flourens hace del libro de Darwin, éste es el primer punto que destaca: abuso de metáforas y personificaciones. Más adelante Flourens traduce la expresión *Natural Selection* (la selección natural) del inglés al francés como la *election naturelle* y dice, con toda la razón, que no existe, que no es nada. Efectivamente la naturaleza ni elige ni selecciona.

La arbitrariedad en el uso del lenguaje se extiende a la consideración de la Historia Natural por todo el libro de Darwin. Para él, la diferencia entre especie y variedad es relativa y sólo de grado. Veíamos antes, en esa crítica anónima que bien podría ser de Richard Owen, que esta es una actitud intolerable para un naturalista. Del mismo modo se expresó Louis Agassiz desde Harvard:

> *Pero considero un deber persistir en oposición a la doctrina que hoy lleva su nombre. Considerar esta doctrina como contraria a los verdaderos métodos que deben inspirar la historia natural, como perniciosa, y fatal para avanzar en esta ciencia. No es que tenga al mismo Darwin por responsable de estas consecuencias problemáticas. En las diferentes obras de su pluma, nunca hizo alusión a la importancia que sus ideas podían tener para el punto de vista de la clasificación. Son sus secuaces quienes se apoderaron de sus teorías con el fin de transformar la taxonomía zoológica.*

La crítica del lenguaje tendrá pues múltiples derivaciones en relación con la Historia Natural, que Flourens irá detallando pacientemente en su libro. Otra serie de críticas se dirige al contenido científico de El Origen. En su autobiografía, el propio Darwin indica que el profesor Haughton, de Dublin había dicho, refiriéndose a su obra, que todo lo que había de nuevo era falso, y todo lo que había de cierto era viejo. Cierto es que El Origen contiene muchas ideas y ejemplos tomados de Lamarck, quien publicó su Philosophie Zoologique en Paris en 1809, año del nacimiento de Darwin y que las citas que éste hace de Lamarck son muy escasas, a todas luces insuficientes, aspecto que tampoco pasó desapercibido a Flourens.

Docenas de autores se han mostrado críticos con el darwinismo. Entre ellos se encuentran científicos, filósofos, y escritores, tanto contemporáneos de Darwin como posteriores. Muchos de ellos han llamado la atención sobre los mismos aspectos: Abuso del lenguaje, poca dedicación a aspectos esenciales de la Historia Natural, escaso contenido científico original, copia sin referencias. Ya hemos visto que la crítica de Agassiz destaca otro aspecto importante: Detrás de la obra de Darwin hay un grupo de poder interesado en defenderla. Esto apunta en la dirección de algunas conexiones meta- o bien pseudo-científicas.

4. Darwinismo, materialismo, eugenesia

La conexión entre darwinismo y eugenesia es tan directa como familiar: Charles Darwin era primo segundo de Francis Galton (1822-1911), fundador y primer presidente de la *Eugenics Society*. En 1905 Galton sostuvo la necesidad del certificado prematrimonial para asegurar la idoneidad eugenésica de los contrayentes, idea que cobró interés en muchos países y fundó en la Universidad de Londres un laboratorio de eugenesia que poco después de su muerte recibió el nombre de *Galton Eugenics Laboratory*. En 1908 se creó la *Eugenics Education Society* con el fin de impulsar estos estudios. Leonard Darwin (1850-1943), el menor de los hijos de Charles, militar, político y presidente de la *Royal Geographical Society* entre 1908 y 1911 presidió la *British Eugenics Society* (*Eugenics Education Society*) entre 1911 y 1928 sucediendo al fundador de la misma, su tío Francis Galton. Desde 1928 fue presidente honorario de dicha sociedad hasta su muerte.

La selección natural, pseudo-explicación materialista de la naturaleza, pretende desterrar la idea de diseño como pronto reconoció el reverendo Charles Hodge en su libro "*What is darwinism?*" (Princeton, 1870), escrito a raíz de la lectura de El Origen de las Especies:

> *No es, sin embargo, ni la evolución ni la selección natural, lo que da al darwinismo su peculiar carácter e importancia. Es el hecho de que Darwin rechaza toda teleología, o la doctrina de las causas finales. Niega diseño en cualquiera de los organismos en el mundo vegetal o animal. Él enseña que el ojo se formó sin ningún propósito de producir un órgano de la visión.*

Pero Darwin no logra desterrar la idea de diseño y desarrolla a lo largo de toda su obra un juego de enorme ambigüedad descubriendo y ocultando, insinuando y rechazando, el diseño en la naturaleza. El intento de hacer desaparecer la idea de diseño de la naturaleza tiene que ver con la última frase que veíamos escrita en la crítica de Agassiz:

> *Son sus secuaces quienes se apoderaron de sus teorías con el fin de transformar la taxonomía zoológica.*

Transformar la taxonomía, es decir, destruirla, para transformar la Historia Natural, es decir destruirla, para borrar del panorama científico la idea de diseño, dejando al ser humano como único diseñador posible, dueño absoluto de sus destinos. Tampoco el juego con la idea de diseño había pasado desapercibido a Flourens. Su consecuencia es importante: La Historia Natural, que tradicionalmente se había basado en la existencia de un orden en la Naturaleza, desaparece. La Biología nace al servicio de los intereses de la economía. En los primeros párrafos de El Origen el autor reconoce que la idea central de su obra procede de Malthus:

Esta es la doctrina de Malthus, aplicada con doble motivo, al conjunto de los reinos animal y vegetal, pues en este caso no puede haber ningún aumento artificial de alimentos, ni ninguna limitación prudente por el matrimonio.

La aplicación de estos principios de la economía malthusiana, ciencia tenebrosa o *Dismal Science,* conseguirá entorpecer el estudio de la naturaleza pero pondrá a la ciencia de la naturaleza y a la evolución al servicio del poder. El Darwinismo social es una redundancia. No hay más darwinismo que el social, puesto que su origen se encuentra en las ideas sociales de la economía imperialista victoriana.

Un objetivo del darwinismo consiste, por tanto, en poner la academia al servicio del poder económico, pero además, hacerlo de manera encubierta, mediante un lenguaje ambiguo para que no se sepa bien de qué se trata: Pura pseudociencia.

En "La Cientificomanía" nos cuenta Domínguez Berrueta, por ejemplo, que la Academia de Ciencias de París primero rehusó admitir á Darwin entre sus correspondientes por ser «*aventurero teórico extraviado*», aunque más tarde lo admitió a titulo de «*observador penetrante y naturalista sagaz*». No resuelve el salmantino cuando acertó la Academia, si primero o más tarde, como dejando la puerta abierta si acaso hubiese sido Darwin más aventurero extraviado que observador penetrante o naturalista sagaz, como sin duda pensaron algunos académicos anteriores a 1878, fecha en la que Darwin fue, por fin, elegido miembro correspondiente (19 de abril; section de botanique). Seguramente la candidatura habría sido discutida con anterioridad; y, en alguna ocasión, como indica Dominguez Berrueta, rechazada. Y es que, entre los miembros de la Academie des Sciences de France, hubo quienes se opusieron severamente al darwinismo.

Figura 1: Pierre Flourens (1794-1867), Secrétaire perpétuel de l'Académie des Sciences de France entre los años de 1833 y 1866.

5. Nuestro libro y su autor

Ofrecemos aquí una edición bilingüe con comentarios en español del libro titulado *"Examen du Livre de Darwin sur l'Origine des Especes"*, publicado en 1864 y del que es autor Pierre Flourens (1794-1867). Nacido el 15 de abril en Maureilhan, cerca de Béziers, Flourens terminó sus estudios de Medicina en la Universidad de Montpellier cuando contaba diecinueve años. En París trabajó con el botánico Agustín de Candolle (1779-1841) y con el paleontólogo Georges Cuvier (1769-1832), dedicándose después durante muchos años a la neurofisiología. En el apéndice 1 se recogen algunos datos sobre la biografía de este autor que fue miembro de l'Académie des Sciences de France desde 1828 y su secretario permanente (Secrétaire perpétuel) entre los años de 1833 y 1866.

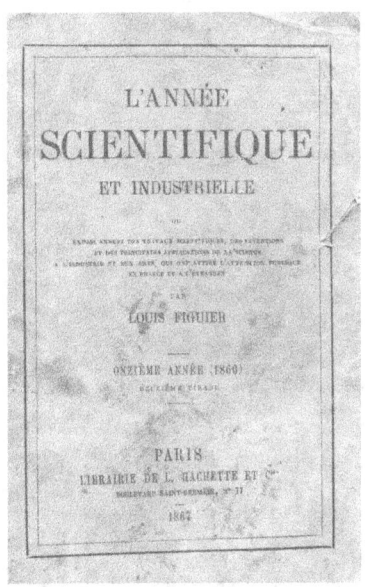

Figura 2: Portada de L'Année Scientifique et Industrielle, resumen anual de los trabajos científicos, invenciones y aplicaciones principales de la ciencia, la industria y las artes que atrajeron la atención pública en Francia y en el extranjero en 1866 (editado en 1867).

Aunque las páginas web de la Academie des Sciences indican como 1868 la fecha final del mandato de Flourens como Secrétaire perpétuel, en la página 424 de la publicación titulada L'Année Scientifique et Industrielle, de 1867 (Figura 2), al comenzar la sección dedicada a Académies et Sociétés Savantes, en la sección 1: Séance Publique Annuelle de l'Academie des Sciences, du 5 mai 1866, se lee:

Un intérêt particulier s'attachait à cette séance. M. Coste, qui depuis un an reemplace M. Flourens, gravement malade, et atteint peut-être sans retour, devait prononcer l'éloge de rigueur........

Gravemente enfermo en la sesión de 1866, Flourens falleció en Montgeron, cerca de Paris, el 6 de diciembre de 1867. Su libro: *"Examen du Livre de Darwin sur l'Origine des Especes"* que ahora presentamos en su primera edición en español, fue publicado cuando contaba setenta años y muestra un rigor excepcional al criticar punto por punto el Origen de las Especies, obra de Darwin que, sin duda, Flourens había leído a conciencia. La crítica contenida en *"Examen du Livre de Darwin sur l'Origine des Especes"* provocó pronto una repuesta de Thomas Huxley. No dispuso Flourens de mucho tiempo más para contraréplicas.

En el apéndice 2 se recogen algunas de sus principales publicaciones.

El apéndice 3 contiene la respuesta de Thomas Huxley al libro de Flourens publicada en *The Natural History Review* de 1865, en inglés y en español (mi traducción). En las páginas que siguen al texto del libro en francés y a su traducción se ofrece un comentario sobre esta respuesta.

(http://www.academie-sciences.fr/presse/communique/election_AFliste_010312.pdf)

El propio Darwin, en una carta dirigida a Wallace, se refería a Flourens y a su libro en estos términos:

> *P.S.--A great gun, Flourens, has written a little dull book against me; which pleases me much, for it is plain that our good work is spreading in France. He speaks of the _engouement_ about this book, "so full of empty and presumptuous thoughts."*

> *(PS - Un gran cañón, Flourens, ha escrito un librito aburrido contra mí; lo cual me complace mucho, porque es evidente que nuestro buen trabajo se está extendiendo en Francia. Habla del _engouement_[1] sobre este libro, "tan lleno de pensamientos vacíos y presuntuosos".*

Otros autores han empleado maneras diferentes para referirse a Pierre Flourens y a su obra. Así, el artículo escrito por Fatos Belgin Yildirim and Levent Sarikcioglu en agosto de 2007 en el *Journal of Neurology, Neurosurgery and Psychiatry* se refiere a Flourens como **an extraordinary scientist of his time.** Un vistazo a los apéndices 1 y 2 puede ser más que suficiente para convencernos de ello.

Publicado en Paris por la Editorial Garnier Frères en 1864 el ejemplar de el "*Examen du Livre de Darwin sur l'Origine des Especes*", utilizado en esta edición para su traducción y comentarios se encuentra en los fondos de La Biblioteca Nacional de Francia (Gallica; http://gallica.bnf.fr/ark:/12148/bpt6k355810). Supe de su existencia mediante la lectura del libro titulado "La Paleontologie", de Raymond Furon (Ediciones Payot, Paris, 1951) que, en sus páginas dedicadas a Darwin (74-76), dice:

> *Malgré cet enorme succès et l'acceptation quasi unánime de la doctrine transformiste par les geologues et les biologistes du monde entier, Darwin fut violemment attaqué en Anglaterre même, par tout un clan dirigé par l'évêque d'Oxford, en France par Flourens, secrétaire perpètuel de l'Académie des Sciences.*

> *(A pesar de este gran éxito y de la aceptación casi unánime de la doctrina transformista por los geólogos y biólogos de todo el mundo, Darwin fue atacado violentamente incluso en Inglaterra por*

---

[1] Engouement significa "moda pasajera".

todo un clan liderado por el obispo de Oxford, en Francia por Flourens, secretario permanente de la
Academia de Ciencias.)

Varias ideas llamaron mi atención en esta frase de Furon. Destacaré sólo dos entre ellas. La primera, la expresión: *Darwin fut violemment attaqué (Darwin fue atacado violentamente).* ¿De verdad fue Darwin violentamente atacado?, ¿Por quién? La segunda idea reclama nuestra atención porque contiene precisamente la respuesta a esta inquietante pregunta y en ella se encuentra la palabra "clan": *Darwin fue atacado violentamente por un clan*, nos viene a decir Furon. Pero,...... ¿De verdad hubo un clan en Inglaterra dirigido por el Obispo de Oxford y organizado para atacar a Darwin? Nunca había oído hablar de algo parecido; ni de la composición del hipotético clan ni de actividad alguna, trabajos, publicaciones a tal fin. Por otra parte, de haber existido tal clan, su labor habría sido pésima, pues como indica Furon y todos sabemos, el darwinismo tuvo un enorme éxito. Cierto es que encontró también sus oponentes que, a fecha de hoy, pasan por ser pocos y sin duda son muy mal conocidos. Se habla a veces de un debate en Oxford entre Thomas Huxley y el Obispo Wilbeforce, pero, lamentablemente, los documentos que puedan mostrar el contenido de aquel debate son muy escasos y en su mayoría debidos a referencias indirectas. No existe un documento original de la época que contenga el texto completo del debate. La existencia de tal clan anti-Darwin es, por lo tanto, muy dudosa. De ser cierta, se trataría de uno de los clanes más ineficientes de la historia. Pero además, el párrafo sugiere que el hipotético clan podría extender sus redes al continente.

Pierre Flourens, un Académico de brillante trayectoria, leyó la primera edición francesa del libro de Darwin, en la traducción de Clemènce Royer, autodidacta que desarrolló su actividad en economía y filosofía y quien, según nos informa El Diccionario de Neolengua[2] en su versión francesa del 15 de febrero de 2013, fue una de las primeras mujeres en formar una logia masónica («Le Droit humain»), eugenista y condecorada con la Légion d'honneur en 1900.

Flourens detectó tantos defectos formales y tan intolerables errores en el libro de Darwin que escribió el suyo para indicarlos. Furon se equivoca. No se puede defender la

---

[2] Llamo Diccionario de Neolengua a Wikipedia. En su profética novela "1984" Orwell describe cómo el Poder se toma muchas molestias para manipular el lenguaje sabiendo bien que quien controla el lenguaje, controla el pensamiento. No llegó a sospechar Orwell la exactitud de su predicción que, como a veces acontece, se quedó corta. El diccionario de Neolengua es hoy escrito por los "proles" y corregido a diario por instancias más altas de la jerarquía.

existencia de clan alguno confeccionado para atacar a Darwin. Ni en Inglaterra ni en Francia hay evidencia de crítica anti-darwinista alguna elaborada mediante la acción combinada de un grupo de poder actuando coordinadamente (clan). Flourens se limita a exponer su parecer en un libro que ha permanecido proscrito mientras la academia y los medios de comunicación cantaban las alabanzas de Darwin durante décadas. Se equivoca Furon al decir que Darwin había sido violentamente atacado por un clan. La evidencia apunta más bien en sentido contrario: Darwin fue decididamente protegido por un clan. A él pertenecía Thomas Henry Huxley, presidente de la Royal Society, quien defendió las tesis del darwinismo frente al obispo Wilberforce y quien, como veremos unas páginas más adelante, las defiende frente a la crítica vertida en el libro de Flourens. Pertenecían al clan otros miembros de la Royal Society: Charles Lyell y Joseph Dalton Hooker, también enfrentado al Obispo Wilbeforce en el famoso debate de Oxford y de quien la inglesa Mary Midgley, en su libro titulado "Evolution as a Religion", al que nos hemos referido arriba, dice:

> The man who stood up at the time as having actually answered Wilberforce was the botanist Joseph Hooker. But his answers were, of course, limited by the fact that Darwin's theory at that time really did need a great deal more evidence and basic thought before it could be defended against critical scientists.

> El hombre que en ese momento respondió a Wilberforce fue el botánico Joseph Hooker. Sin embargo, sus respuestas fueron, por supuesto, limitadas por el hecho de que la teoría de Darwin en ese momento realmente necesitaba mucha más evidencia y pensamiento básico antes de poder ser defendida contra los científicos críticos.

El libro de Midley propone que la Ciencia, o mejor dicho el Cientifismo o la Pseudociencia pueden estar usurpando las funciones de la religión. Como veíamos arriba, a la misma idea llegaron los pensamientos de Agustín García Calvo, de Unamuno y de Domínguez Berrueta con quien abríamos esta presentación. En los textos de estos autores encontrará el lector más interesado más pistas para seguir una pesquisa en todos los detalles. Para quienes, de momento, nos contentamos con salir del paso, Domínguez Berrueta nos proporciona una clave importante. Su cita del Eclesiastés:

«Habla, para que yo te conozca, porque esta es la prueba de los hombres» (Eccles. xxvii, 8),

Así pues, y teniendo presente que la clave para distinguir a la ciencia de la pseudociencia se encuentra en el uso del lenguaje, que la ambigüedad es herramienta de poder y que forma parte de un conjunto de elementos que provocan confusión, veamos qué tiene que decir Flourens sobre el libro de Darwin. ¿Habrá detectado en él ambigüedades? , ¿Descubrirá algún fantasma semántico, es decir expresión carente de todo significado? ¿Habrá detectado otros errores nuevos en el libro de Darwin que nos permitan identificar elementos nuevos al servicio de la pseudociencia?

Obedezcamos a Domínguez Berrueta, o mejor dicho al Ecclesiastés, y dejemos ahora a Pierre Flourens que hable, a continuación analizaremos también la respuesta de Thomas Henry Huxley a su libro.......

Lean y opinen por ustedes mismos.

Bibliografía

CERVANTES E. 2011. Charles Darwin, o el origen de la máquina incapaz de distinguir. Despalabro V, 66-86. DISPONIBLE EN DIGITAL CSIC.

DOMÍNGUEZ BERRUETA, JUAN. 1895. La Cientificomanía. Del Jorro. Salamanca.

GARCÍA CALVO, AGUSTÍN (1997). *De la Realidad.* Traducción del Poema de Lucrecio De Rerum Natura. Lucina. Zamora (España).

MIDLEY, MARY. 2002. Evolution as a religión. Routledge. Oxon y New York.

SANDÍN, MÁXIMO (2010). Pensando la evolución, pensando la vida. CAUAC Editorial Nativa. Segunda Edición. Murcia.

UNAMUNO, MIGUEL DE. (1998). Del Sentimiento trágico de la vida. Alianza Editorial. Madrid

EXAMEN DU LIVRE DE DARWIN SUR L'ORIGINE DES ESPECES

EXAMEN DEL LIBRO DE DARWIN SOBRE EL ORIGEN DE LAS ESPECIES

Les philosophes du XVIII siècle, et en cela ils étaient très-peu philosophes, personnifiaient la *Nature*. Voyez Rousseau, Buffon, d'Holbach et les autres.

Voltaire est le premier qui ait osé dire à ses contemporains que ce qu'on nomme *Nature* n'est qu'un grand art.

«Lors même qu'on accorderait, dit Bayle, que la *Nature,* quoique destituée de connaissance, existerait d'elle même, on ne laisserait pas de pouvoir nier qu'elle fût capable de pouvoir organiser les animaux, vu que c'est un ouvrage dont la cause doit avoir beaucoup d'esprit.»

Los filósofos del siglo XVIII, y en esto eran muy poco filósofos, acostumbraban a personificar la *Naturaleza*. Vean ustedes sino a Rousseau, Buffon, Holbach y otros.

Voltaire fue el primero que se atrevió a decir a sus contemporáneos que lo que llamamos la *naturaleza* no es más que un gran arte.

«Incluso si diésemos por aceptado, dice Bayle, que la *naturaleza,* aún desprovista de conocimiento, existe por sí misma, no dejaríamos de poder negar que fuese capaz de organizar a los animales, como una obra cuya causa debe tener un montón de espíritu. »

Que j'ai toujours haï les pensers du vulgaire

Qu'il me semble profane, injuste et téméraire

Mettant de faux-milieux entre la chose et lui. [3]

La *Nature* personnifiée est un *faux-milieu*. D'un autre côté qu'est-ce que l'espèce?
J'examine ici le livre de M. Darwin [4]

Cómo he odiado siempre los pensamientos de la gente vulgar

Cuán profano, injusto e imprudente, me parece

Poner falsos intermediarios entre la cosa y uno.

La *naturaleza* personificada es un *falso intermediario*. Más por otra parte ¿Qué es la especie?
Aquí vamos a examinar el libro de M Darwin.

---

[3] La Fontaine.

[4] 2. De l'Origine des espèces, ou des lois du progres chez les etrès organisés. Traduit de l'anglais par Mlle Clemence- Auguste Royer. 1862. Consultado en su segunda edición en:
http://books.google.es/books?id=0vQ4AAAAMAAJ&printsec=frontcover&hl=es&source=gbs_ge_summary_r&cad=0#v=onepage&q=faibles%20efforts%20de%20l%27homme&f=false

A son opinion la *mutabilité* des espèces, j'oppose l'opinion contraire celle de leur *fixité*.

Les naturalistes prononceront.

A su opinión de la *mutabilidad* de las especies, opongo la contraria de su *fijeza*. Los naturalistas se pronunciarán.

EXAMEN

DU LIVRE DE M. DARWIN SUR L'ORIGINE DES ESPECES

I

DU LIVRE DE M. DARWIN

M. Darwin vient de publier un livre sur *l'Origine des espèces*. L'ingénieux et savant auteur pense que l'espèce est muable. Malheureusement, il ne nous dit pas ce qu'il entend par *espèce*, et ne se donne aucun caractère sûr pour la définir.

En second lieu, il voit très-bien la *variabilité* de l'espèce. Qui ne la voit pas? Mais il ne voit pas la limite de cette variabilité; et c'est précisément ce qu'il fallait voir.

Enfin l'auteur se sert partout d'un langage figuré dont il ne se rend pas compte et qui le trompe, comme il a trompé tous ceux qui s'en sont servis.

Là est le vice radical du livre.

I

DEL LIBRO DE M. DARWIN

Mr. Darwin acaba de publicar un libro sobre el *Origen de las especies*. El ingenioso y erudito autor cree que la especie es mutable. Por desgracia, no nos dice lo que quiere decir por *especie*, y no da ninguna pista segura para su definición.

En segundo lugar, el autor ve muy bien la *variabilidad* de las especies. ¿Quién no la ve? Pero él no ve los límites de esta variabilidad, y esto es precisamente lo que hay que ver.

Por último, el autor utiliza un lenguaje figurativo en todas partes sin darse cuenta de que tal lenguaje lo engaña tanto a él como ha engañado a todos aquellos que de él se sirven.

Ese es el vicio radical del libro. [5]

---

[5] Desde sus primeras páginas, Flourens dirige su crítica hacia la debilidad principal del libro de Darwin: El abuso de un lenguaje figurado.

On personnifiait la nature on lui prêtait des intentions, des inclinations, des vues on lui prêtait des horreurs (*l'horreur du vide*) on lui prêtait des jeux (*les jeux de la nature*). Les monstruosités étaient les *erreurs* de la nature. Le XVIII siècle fit mieux. A la place de Dieu il mit la nature. Buffon disait à Hérault de Séchelles « J'ai toujours nommé le Créateur, mais il n'y a qu'à ôter ce mot et mettre à la place la puissance de la nature. » [6]

Se personificaba a la naturaleza, se le prestaban intenciones, inclinaciones, puntos de vista, se le prestan tanto los horrores (el *horror vacui*) como juegos (*juegos de la naturaleza*). Las monstruosidades eran los *errores* de la naturaleza. El siglo XVIII fue mejor. En lugar de Dios, pone a la naturaleza. Buffon dijo a Hérault de Séchelles « Siempre he nombrado al Creador, pero basta con quitar esa palabra y poner en cambio, el poder de la naturaleza. »

---

[6] Voyage à Montbard.

«La nature, dit Buffon, n'est point une chose, car cette chose serait tout; la nature n'est point un être, car cet être serait Dieu. »

En quoi il a parfaitement raison, mais ce qui, comme on vient de voir, l'effrayait fort peu.

II ajoute «La nature est une puissance vive, immense, qui embrasse tout, qui anime tout, qui, subordonnée au premier Être, n'a commencé d'agir que par son ordre et n'agit encore que par son consentement…. » [7]

C'est de cette prétendue *puissance* que les naturalistes font leur *nature*, quand ils la personnifient.

Cependant M. Cuvier les a, depuis longtemps, avertis de tous les périls d'un pareil langage. «Par une de ces figures, dit-il, auxquelles toutes les langues sont enclines, la nature a été personnifiée: les êtres existants ont été appelés les *Oeuvres de la Nature*, les rapports généraux de ces êtres entre eux sont devenus les *Lois de la Nature*, etc. C'est en considérant ainsi la nature comme un être doué d'intelligence et de volonté, mais secondaire et borné quant à la puissance, qu'on a pu dire qu'elle veille sans cesse au maintien de ses œuvres, qu'elle ne fait rien en vain, qu'elle agit toujours par les voies les plus simples, etc. On voit combien sont puérils les philosophes qui ont donné à la nature une espèce d'existence individuelle, distincte du Créateur, des lois qu'il a imprimées au mouvement et des propriétés ou des formes données par lui aux créatures, et qui l'ont fait agir sur les corps avec une puissance et une raison particulières. A mesure que les connaissances se sont étendues en astronomie, en physique et en chimie, ces sciences ont renoncé aux paralogismes qui résultaient de l'application de ce langage figuré aux phénomènes réels.

Quelques physiologistes en ont seuls conservé l'usage, parce que, dans l'obscurité où la physiologie est encore enveloppée, ce n'était qu'en attribuant quelque réalité aux fantômes de l'abstraction, qu'ils pouvaient faire illusion à eux-mêmes et aux autres sur la profonde ignorance où ils sont touchant les mouvements vitaux. » [8]

Dans cet examen du livre de M. Darwin, je me propose deux objets le premier, de montrer que l'auteur fait illusion à lui même, et peut-être aux autres, par un abus constant du langage figuré; et le second, de prouver que contrairement a son opinión l'espèce est fixe, et que, loin d'être venues les unes des autres, comme il le veut, les diverses espèces sont et restent éternellement distinctes.

---

[7] Première vue de la nature

[8] Voyez l'article Nature, dans le Dictionnaire des Sciences M Levrault. C'est le plus beau morceau de philosophie qu'ait écrit M. Cuvier.

« La naturaleza, dice Buffon, no es una cosa, porque sería todas las cosas, la naturaleza no es un ser, porque sería Dios. » En esto tiene toda la razón, aunque, como acabamos de ver, poco le asustaba.

Y añade: « La naturaleza es un poder fuerte, enorme, inmenso, que anima todo, siempre subordinada al Ser primero, por cuyo orden ha comenzado a actuar y sigue actuando con su consentimiento. »

Es de este pretendido *poder* del que los naturalistas hacen su *naturaleza*, cuando la personifican.

Sin embargo M. Cuvier ha sido consciente de todos los peligros de un lenguaje semejante.

«Con estas figuras, dijo, a las que todas las lenguas se inclinan, se ha personificado a la naturaleza; a los seres existentes se les llama la *Obra de la Naturaleza*; a sus relaciones entre sí se ha llamado las *Leyes de Naturaleza*, etc. Es así, considerando a la naturaleza como un ser dotado de inteligencia y voluntad, pero secundario y limitado en el poder, como se ha llegado a decir que ella mantiene constantemente sus obras; que no hace nada en vano, que sigue siempre los caminos más sencillos, etc. Vemos lo infantil en aquellos filósofos que dieron a la naturaleza una especie de existencia individual separada del Creador, de las leyes que Él ha imprimido en el movimiento y de las propiedades o formas previstas por él para las criaturas, y que le hacen actuar sobre los cuerpos con una potencia específica y una razón. A medida que el conocimiento se ha expandido en astronomía, física y química, estas ciencias han abandonado las falacias que resultaron de la aplicación de estas imágenes a los fenómenos reales.

Unos pocos fisiólogos han conservado el empleo, ya que en la oscuridad que todavía envuelve a la fisiología, sólo atribuyendo alguna realidad a los fantasmas de la abstracción, podían engañarse a sí mismos y a los demás en la profunda ignorancia que afecta a los movimientos vitales. » [9]

En este examen del libro del señor Darwin, propongo dos objetivos. Primero demostrar que el autor se hace la ilusión a sí mismo, y quizás a otros, por un constante abuso del lenguaje figurado; y segundo, demostrar que a diferencia de su opinión, la especie es algo fijo, y que lejos de proceder las unas de las otras como él quiera, las distintas especies son distintas y permanecen para siempre distintas. [10]

---

[9] Flourens cita a Cuvier quien había advertido de los peligros de la personificación y de los fantasmas de la abstracción. Se refiere a su artículo Nature, publicado en el Diccionario de la Ciencia de M Levrault, como el fragmento más hermoso de filosofía escrito por M. Cuvier

[10] La crítica de Flourens irá dirigida a dos aspectos: Abuso del lenguaje y entidad e importancia de la especie.

M. Darwin commence par imaginer une *élection naturelle.* Il imagine ensuite que ce *pouvoir d'élire* qu'il donne a la nature est pareil au pouvoir de l'homme. Ces deux suppositions admises, rien ne l'arrête; il joue avec la nature comme il lui plaît, et lui fait faire tout ce qu'il veut.

Le pouvoir de l'homme sur les êtres vivants est parfaitement connu.

Mr. Darwin comienza por imaginar una *selección natural.* Se imagina él a continuación que el *poder de elegir* que él mismo otorga a la naturaleza es como el poder del hombre. Ambos supuestos admitidos, nada lo detiene y juega con la naturaleza a su antojo, y le hace hacer lo que él quiera.

El poder del hombre sobre los seres vivos es bien conocido.

L'espèce est *variable*. Elle varie de soi. C'est ce que savent tous les naturalistes, et ce que nul n'a mieux prouvé, dans ces derniers temps, que M. Decaisne, dans ses directes et décisives expériences.

Or, parmi les *variations* de l'espèce, les unes sont utiles aux vues de l'homme, et les autres y sont contraires. L'homme *choisit* les variations utiles, il *écarte* les variations contraires.

Ce n'est pas tout. Après avoir *choisi* les individus a *variations utiles*, il les unit ensemble; et par là il accumule ces *variations*, il les accroît, il les fixe; il se fait des *races*. C'est encore là ce que savent tous les naturalistes.

La especie es *variable*. Varía, por sí misma. Es algo que saben todos los naturalistas, y que nadie ha demostrado ser mejor en los últimos tiempos, que el Sr. Decaisne en sus experiencias directas y decisivas.

Sin embargo, entre las *variaciones* de la especie, algunas son útiles a los puntos de vista del hombre, y otras son opuestas. El hombre *elige* las variaciones útiles, *rechaza* las contrarias.

Esto no es todo. Después de *elegir* aquellos individuos con *variaciones útiles*, los une entre sí; y por lo tanto acumula estas *variaciones*, los aumenta, fija las variaciones, dando lugar a *razas*. Hasta aquí, es bien sabido por todos los naturalistas. [11]

---

[11] En realidad, las variaciones no se aumentan ni se fijan por la selección. Además de elegir las variaciones, el ser humano realiza cruzamientos entre los individuos elegidos en las actividades denominadas de Mejora Genética. Darwin confunde constantemente en su obra selección (una parte del programa de Mejora) con Mejora (todo el programa en sí).

A propos du chien, Buffon dit «L'homme a crée des races dans cette espèce, en *choisisant* et metant ensemble les plus grands ou les plus petits, les plus jolis ou les plus laids, les plus velus ou les plus nus, etc). » [12]

Dans l'histoire du pigeon, il dit « Le maintien des variétés et même leur multiplication dépend de la main de l'homme. Il faut recueillir de celle de la nature le individus qui se ressemblent le plus, les séparer des autres, les unir ensemble, prendre les mêmes soins pour les variétés qui se trouvent dans les nombreux produits de leurs descendants, et, par une attention suivie, on peut, avec le temps, créer à nos yeux, c'est-à-dire amener à la lumière une infinité d'êtres nouveaux que la nature seule n'aurait jamais produits. » [13]

Sobre el perro, dijo Buffon: «El hombre ha creado las razas en la especie, eligiendo y juntando los más grandes o más pequeños, los más bonitos o más feos, más peludos o más desnudos, etc). »

En la historia de la paloma, dice, «El mantenimiento de variedades e incluso su multiplicación depende de la mano del hombre. Debe recoger de la naturaleza aquellos individuos que más se asemejan, separarlos de los otros, unirlos entre sí, tomar el mismo cuidado para las variedades que se encuentran en muchos productos de sus descendientes, y la atención sostenida, con el tiempo puede crear a nuestros ojos, es decir, sacar a la luz una infinidad de nuevos seres que la naturaleza por sí sola nunca podría producir. »

---

[12] Histoire du Chacal.

[13] Histoire du Pigeon.

Il ajoute « La combinaison, la succession, l'assortissement, la réunion ou la séparation des êtres, dépendent souvent de la volonté de l'homme dès lors il est le maître de forcer la nature par ses combinaisons et de la fixer par son industrie: de deux individus singuliers qu'elle aura produits comme par hasard, il en fera une race constante et perpétuelle, et de laquelle il tirera plusieurs autres races, qui, sans ses soins, n'auraient jamais vu le jour. » [14]

Voilà les faits que Buffon a vus, et que chacun connaît. M. Darwin n'en a pas vu d'autres.

Seulement il mêle à tout cela un langage métaphorique qui l'éblouit, et il imagine que *l'élection naturelle* qu'il donne à la nature aurait des effets *inconmensurables* (c'est son mot), immenses et que n'a pas le faible pouvoir de l'homme.

Y añade: « La combinación, la sucesión, la distribución, la reunión, o la separación de los seres, a menudo dependen de la voluntad del hombre, por lo tanto él es libre para forzar a la naturaleza mediante sus combinaciones y para fijarla por su industria: de dos individuos que haya producido como por casualidad, él hará una raza constante y perpetua, y de la cual sacará muchas otras razas que, sin su ayuda, nunca habría surgido. »

Estos son los hechos que Buffon ha visto y que todo el mundo sabe. Mr. Darwin no ha visto otros.

Sólo que él mezcla todo esto con un lenguaje metafórico que lo deslumbra, y se imagina que la *selección natural* que él atribuye a la naturaleza[15], tendría un impacto *inconmensurable* (su palabra), inmenso y que no tiene el escaso poder del hombre.

---

[14] Histoire du pigeon.

[15] Es un grave error atribuir a la naturaleza la capacidad de selección. La selección es actividad humana y, en relación con los cambios en variedades, sólo se da dentro de un programa de Mejora Genética. Sería absurdo atribuir a la naturaleza la actividad de Mejora Genética alguna, y no lo es menos atribuirle la actividad de Selección, o como traduce Flourens, Elección. La Naturaleza no elige.

Il le dit en termes exprès « De même que toutes les œuvres de la nature sont infiniment supérieures à celles de l'art, *l'élection naturelle* est nécessairement prête à agir avec une puissance incommensurablement supérieure aux faibles efforts de l'homme. » [16]

Il dit encore: «Si l'on pouvait appliquer à l'état de nature le principe d'élection que nous voyons si puissant dans les mains de l'homme, quels n'en pourraient pas être les immenses effets) » [17]

« J'ai donné, dit-il enfin, le nom *d'election naturelle* au principe en vertu duquel se conserve chaque variation, à condition qu'elle soit utile, afin de faire ressortir son analogie avec le pouvoir d'élection de l'homme. » [18]

C'est-à-dire tout simplement que vous avez *personifié* la nature, et c'est là tout le reproche que l'on vous fait.

« Plusieurs écrivains, dit M. Darwin lui- même, ont critiqué ce terme *d'élection naturelle*. Dans le sens littéral du mot, ajoute-t-il, il n'est pas douteux que le terme *d'élection naturelle* ne soit un contre-sens. » [19]

On ne peut mieux dire; mais alors pourquoi s'en servir?

---

[16] P 92

[17] P 114

[18] P 92

[19] P 116

Dice expresamente: « Al igual que todas las obras de la naturaleza son infinitamente superiores a las del arte, la selección natural está necesariamente preparada para actuar con poder inconmensurablemente superior a los débiles esfuerzos del hombre. » [20]

Él dijo además: « Si pudiéramos aplicar al estado de naturaleza el principio de la selección que vemos tan poderosa en las manos del hombre, cuál entonces no podría ser su enorme impacto? » [21]

Dijo: « he dado el nombre de *selección natural* al principio en virtud del cual se mantiene cada variación, siempre que sea útil para resaltar la analogía con el poder de selección humana»

Es decir que, usted simplemente *personifica* a la naturaleza, y eso es todo el reproche que a usted se le hace.

"Muchos escritores, dice el propio Darwin, han criticado la *selección natural* a largo plazo. En el sentido literal de la palabra, dice, no hay duda de que el término de la *selección natural* esta es una expresión falsa » [22]

No se puede decir mejor, pero entonces ¿para qué utilizar tal expresión?

---

[20] Párrafo 86, segundo del capítulo 3: *But Natural Selection, we shall hereafter see, is a power incessantly ready for action, and is as immeasurably superior to man's feeble efforts, as the works of Nature are to those of Art.*

[21] Párrafo 112, primero del capítulo 4: *How will the struggle for existence, briefly discussed in the last chapter, act in regard to variation? Can the principle of selection, which we have seen is so potent in the hands of man, apply under nature? I think we shall see that it can act most efficiently.*

[22] Párrafo 113, tercero del capítulo 4 y uno de los más destacados de la obra en el que el propio Darwin reconoce estar utilizando una expresión falsa. La réplica de Flourens es justa y merecida: entonces ¿para qué utilizar tal expresión?

Pourquoi accommoder surtout a ce langage faux toutes ses explications, tout son livre? Pourquoi écrire un livre tout entier dans l'esprit faux que ce langage implique?

Sans doute, mais voilà le procédé constant de M. Darwin il commence par demander la permission de *personnifier* la nature, et puis par un *dato non concesso*, il raisonne comme si cette permission était accordée.

¿Por qué este acomodar a semejante lenguaje falso todas las explicaciones lo largo de su libro? ¿Por qué escribir un libro entero en el espíritu de la falsedad que este lenguaje implica?

Sin duda, pero este es el método constante de Mr. Darwin que comienza pidiendo permiso para *personificar* a la naturaleza, y luego por un *dato non concesso* argumenta como si este permiso hubiera sido concedido.

« Puisque l'homme, dit-il, peut produire, et qu'il a certainement produit de grands résultats par ses moyens *d'élection*, que ne peut faire *l'election naturelle?* L'homme ne peut agir que sur les caractères visibles et extérieurs, la Nature, si toutefois *l'on veut bien nous permettre de personnifier sous ce nom* la loi selon laquelle les individus variables sont protégés. La Nature peut agir sur chaque organe interne, sur la moindre différence organique. L'homme ne *choissit* qu'en vue de son propre avantage, et la Nature seulement en vue du bien de l'être dont elle prend soin…. » [23]

« Puesto que el hombre, dice, puede producir, y seguramente ha producido, resultados grandes con sus modos metódicos o inconscientes de *selección*, ¿qué no podrá efectuar la *selección natural?* El hombre puede obrar sólo sobre caracteres externos y visibles. La Naturaleza -*si se me permite personificar bajo este nombre* la conservación o supervivencia natural de los más adecuados- no atiende a nada por las apariencias, excepto en la medida que son útiles a los seres Puede obrar sobre todos los órganos internos, sobre todos los matices de diferencia de constitución, sobre el mecanismo entero de la vida. El hombre *selecciona* solamente para su propio bien; la Naturaleza lo hace sólo para el bien del ser que tiene a su cuidado. » [24]

---

[23] P. 119

[24] Se trata aquí y en la página siguiente de los párrafos 116 y 117, quinto y sexo del capítulo cuarto, que Clemènce Royer tradujo literalmente.

«On peut dire par métaphore, ajoute M. Darwin, que *l'élection naturelle* scrute journellement, à toute heure et à travers le monde entier, chaque variation, même la plus imperceptible, pour rejeter ce qui est mauvais, conserver et ajouter tout ce qui est bon; et qu'elle travaille ainsi insensiblement et en silence, partout et toujours, dès que l'opportunité s'en présente, au perfectionnement de chaque être organisé. » [25]

«Metafóricamente puede decirse que la *selección natural* está buscando cada día y cada hora por todo el mundo las más ligeras variaciones; rechazando las que son malas; conservando y sumando todas las que son buenas; trabajando silenciosa e insensiblemente, cuando quiera y donde quiera que se ofrece la oportunidad, por el perfeccionamiento de cada ser orgánico en relación con sus condiciones orgánicas e inorgánicas de vida. »

---

[25] P. 120

Ainsi, toujours des métaphores: La nature *choisit*, la nature *scrute*, la nature *travaille* et *travaille sans cesse*, et travaille à quoi? À changer, à perfectionner, à transformer les espèces. La transformation des espèces est, dans le système de M. Darwin, le travail perpétuel de la nature.

Qu'y faire? Ce système est un système tout comme un autre; et ce n'est pas M. Darwin qui l'a inventé. Dans le dernier siècle, Demaillet, l'auteur du livre fameux *Telliamed*, couvrit le globe entier d'eau pendant des milliers d'années; il fit retirer les eaux graduellement ; tous les animaux terrestres avaient d'abord été marins; l'homme lui-même avait commencé par être poisson; et l'auteur assure qu'il n'est pas rare de rencontrer dans l'Océan des poissons qui ne sont devenus hommes qu'à moitié, mais dont la race le deviendra tout à fait quelque jour.

Así, siempre con metáforas: la naturaleza *elige*, *escudriña*; la naturaleza *trabaja* y *trabaja sin cesar*, y trabaja…. para qué? Para cambiar, para mejorar, para transformar las especies. La transformación de las especies es, en el sistema de Mr. Darwin, el trabajo perpetuo de la naturaleza.

¿Qué hacer? Este sistema es un sistema como cualquier otro, y no es Mr. Darwin quien lo ha inventado. En el siglo pasado, Demaillet, autor del famoso libro *Telliamed*, cubrió todo el globo de agua durante miles de años; luego hizo retirar el agua gradualmente; todos los animales terrestres habían sido antes criaturas marinas.

Incluso el hombre había comenzado por ser un pez y asegura el autor que no es raro encontrar en el Océano peces medio convertidos en hombres, pero cuya carrera se completará todavía algún día.

«Maillet, dont nous avons déjà tant parlé, dit Voltaire, crut s'apercevoir, au Grand Caire, que notre continent n'avait été qu'une mer dans l'antiquité passée; il vit des coquilles, et voici comme il raisonna: Ces coquilles prouvent que la mer a été pendant des milliers de siècles à Memphis; donc les Égyptiens et les singes if viennent incontestablement de poissons marins. »

Après Maillet vint Robinet. On connaît son livre intitulé : *Essais de la nature qui apprend à faire l'homme.* Maillet avait de l'esprit. Il dédie son livre à Cyrano de Bergerac, « pour lui prouver, dit-il, qu'on peut extravaguer dans la mer comme dans le soleil ou dans la lune. » Robinet n'est qu'absurde. On est fâché de trouver, parmi ces hommes à idées étranges, le respectable M. de Lamarck. Il eut du génie; mais ce n'est pas lorsqu'il prétend que l'homme vient du polype ou de la monade.

« Maillet, como ya hemos hablado, dice Voltaire, creyó en el Gran Cairo, que nuestro continente fue un mar en el antiguo pasado y vio las conchas, y así es como él razonó: Estos conchas muestran que el mar ha sido durante miles de años en Memphis, por lo cual los egipcios y los monos han descendido sin duda de los peces marinos. »

Después de Maillet vino Robinet. Conocemos su libro titulado: *Pruebas de la naturaleza que aprende a hacer el hombre.* Maillet tenía espíritu. Él dedicó su libro a Cyrano de Bergerac «, para probarle, dice, que se puede divagar en el mar como el sol o la luna. » Robinet es simplemente absurdo. Nos sentimos molestos de encontrar, entre estos hombres de ideas extrañas, al respetable M. de Lamarck. Tenía genio, pero no desde luego cuando dice que el hombre procede del pólipo o la mónada.

Or, c'est précisément là ce dont M. Darwin le loue. « Lamarck, célèbre naturaliste français, dit-il, développa l'idée que tous les animaux, y compris l'homme, descendent d'autres espèces antérieures. C'était rendre un grand service à la science. » [26]

Le fait est que Lamarck est le père de M. Darwin. Il a commencé son système.

Toutes les idées de Lamarck sont, au fond, celles de M. Darwin. M. Darwin ne le dit pas d'abord; il a trop d'art pour cela. Il effaroucherait son lecteur, et il veut le séduire; mais, quand il juge le moment venu, il le dit nettement et formellement.

Sin embargo, esto es precisamente lo que el señor Darwin le alaba. « Lamarck, famoso naturalista francés, dijo, desarrolló la idea de que todos los animales, incluidos los humanos, descienden de otras especies anteriores. Esto supuso un gran servicio a la ciencia. »

El hecho es que Lamarck fue el padre del señor Darwin. Fue él quien comenzó su sistema.

Todas las ideas de Lamarck son, básicamente, las de Mr. Darwin. Mr. Darwin no lo dijo primero, él tenía demasiado arte para decirlo. Habría espantado a sus lectores, y lo que quería era seducirlos, pero llegado el momento, lo dice clara y formalmente. [27]

---

[26] Página II.

[27] El Origen de las Especies contiene las ideas de Lamarck sobre la transformación de las especies que Darwin había leído en la Philosophie Zoologique, obra publicada en Paris en el 1809, año de su nacimiento. Las citas que Darwin hace de Lamarck son insuficientes teniendo en cuenta la gran cantidad de ideas que toma de su obra.

« Je pense, dit-il, que tout le règne animal est descendu de quatre ou cinq types primitifs tout au plus, et le règne végétal d'un nombre égal ou moindre. L'analogie me conduirait même un peu plus loin, c'est-à-dire à la croyance que tous les animaux et toutes les plantes descendent d'un seul prototype » [28]

Voilà le dernier mot de M. Darwin et de son livre. Mais, au milieu de tant de faits que réunit M. Darwin, et de tant de conclusions hardies qu'il en tire, une observation me frappe: c'est que de ces mêmes faits, Buffon, esprit très-hardi aussi et aussi très-systématique, tire des conclusions absolument contraires.

« Yo pienso, dice, que todo el reino animal desciende de sólo cuatro o cinco tipos primitivos a lo máximo, y el reino vegetal de un número igual o menor. La analogía me llevaría a dar un paso más, o sea a creer que todos los animales y plantas descienden de un solo prototipo» [29]

Esta es la última palabra del señor Darwin y de su libro. Pero en medio de tantos hechos que el señor Darwin reúne y tantas conclusiones audaces que saca, una observación me llama la atención: es que de estos mismos hechos, Buffon, espíritu muy audaz también, así como muy sistemático, obtiene conclusiones absolutamente contrarias.

---

[28] Página 581.

[29] En la sexta edición inglesa: « *I believe that animals have descended from at most only four or five progenitors, and plants from an equal or lesser number. Analogy would lead me one step further, namely, to the belief that all animals and plants have descended from some one prototype.* »

Ce que M. Darwin appelle perfectionnement, Buffon l'appelle dégénérescence. On connaît son beau chapitre sur la *dégénération des animaux*. Il y passe en revue tous nos animaux domestiques et leurs variétés.

Toutes ces variétés lui paraissent autant *d'altérations particulières de chaque espèce* [30]. Il dit du pigeon, animal devenu domestique depuis un temps immémorial: « Comme l'homme a créé tout ce qui dépend de lui, on ne lui peut douter qu'il ne soit Fauteur de toutes ces races esclaves, d'autant plus perfectionnées pour nous qu'elles sont plus dégénérées, plus viciées pour la nature. » [31]

Mais il faut se méfier de Buffon; il faut se méfier de M. Darwin. Tous les gens à imagination sont gens à système; le système consiste à ne voir les choses que d'un côté.

Lo que el Sr. Darwin llama perfeccionamiento, Buffon llama degeneración. Conocemos muy bien su capítulo sobre la *degeneración de los animales*. En él revisa todas nuestras mascotas y sus variedades.

Todas estas variedades le parecen *alteraciones particulares de cada especie*. De la paloma, animal doméstico convertido desde tiempo inmemorial dice Buffon: « Como el hombre ha creado todo lo que depende de él, no cabe duda de que sea el autor de todas estas razas esclavas; tanto más perfeccionadas para nosotros cuanto más degeneradas son, más viciadas para la naturaleza. »

Pero hay que desconfiar de Buffon. Hay que desconfiar de Mr. Darwin. Todas las personas con imaginación son personas de un sistema. El sistema consiste en no es ver las cosas más que de un lado.

---

[30] Voyez le chapitre sur la *Dégéneration des animaux*.

[31] Histoire du Pigeon.

Heureusement que cette grande et fondamentale question de la fixité ou de la mutabilité des espèces a été traitée par un naturaliste qui avait autant de bon sens que Buffon et M. Darwin ont eu d'imagination.

On faisait à M. Cuvier cette objection, relativement aux races perdues qu'il a restaurées: « Pourquoi les races actuelles, lui disait-on, ne seraient-elles pas des modifications de ces races anciennes que l'on trouve parmi les fossiles, modifications qui auraient été produites par les circonstances locales et le changement de climat, et portées à cette extrême différence par la longue succession des années? »

Afortunadamente, esta gran y fundamental pregunta de la fijeza o mutabilidad de las especies fue tratada por un naturalista que tenía tanto sentido común como Mr. Darwin y Buffon tenían imaginación.

Esta objeción se hacía a M. Cuvier, sobre las razas perdidas que él había restaurado: «¿Por qué las razas actuales, se le dijo, no iban a ser modificaciones de aquellas razas antiguas que encontramos en el registro fósil, cambios que habrían sido producidos por las circunstancias locales y el cambio climático, y llevadas a esta extrema diferencia en la larga sucesión de los años? »

«Cette objection, dit M. Cuvier, doit sur-tout paraître forte aux naturalistes qui croient à la possibilité indéfinie de l'altération des formes dans les corps organisés, et qui pensent qu'avec des siècles et des habitudes, toutes les espèces pourraient se changer les unes dans les autres ou résulter d'une seule d'entre elles. »

Cela était dit alors pour M. de Lamarck, et le serait aujourd'hui pour M, Darwin. Il ne prend pas ces naturalistes au sérieux.

«Quant à ceux, continue-t-il, qui reconnaissent que les variétés sont restreintes dans certaines limites fixes, il faut, pour leur répondre, examiner jusqu'ou s'étendent ces limites : recherche curieuse, fort intéressante en elle-même, et dont on s'est cependant bien peu occupé jusqu'ici. »

« Esta objeción, dice Cuvier, debe ante todo parecer importante a aquellos naturalistas que creen en la posibilidad indefinida de alteración de las formas de los cuerpos organizados, y que piensan que, con los siglos y los hábitos, todas las especies podrían cambiar entre sí o formarse a partir de sólo una de ellas. »

Esto lo decía entonces para el señor de Lamarck, y hoy, se referiría a Darwin. Pero él no toma en serio estos naturalistas.

«En cuanto a aquellos que, continúa, reconociendo que las variedades están restringidas en ciertos límites fijos, es necesario responder, examinar hasta dónde se extienden estos límites: Investigación curiosa, muy interesante en sí misma, y, sin embargo, poco realizada hasta ahora.»

Il se livre donc à cette recherche; il prend chaque espèce l'une après l'autre, et détermine, dans chacune, le degré de variation qu'elle a pu subir. « Quoique le loup et le renard, dit-il, habitent depuis la zone torride jusqu'à la zone glaciale, à peine éprouvent-ils, dans cet immense intervalle, d'autre variété qu'un peu plus ou un peu moins de beauté dans leur fourrure. J'ai comparé des crânes de renards du Nord et de renards d'Egypte avec ceux des renards de France, et je n'y ai trouvé que des différences individuelles... Une crinière plus fournie, dit-il encore, fait la seule différence entre l'hyène de Perse et celle de Maroc... Le squelette d'un chat d'Angora ne diffère en rien de constant de celui d'un chat sauvage, etc. »

Se dedica él así a esta investigación; va tomando una especie tras otra, y determina, en cada una, el grado de variación que puede haber sufrido. « Aunque el lobo y el zorro, dice, habitan desde la zona tórrida a la zona glacial, apenas presentan en este intervalo inmenso otra variedad que la de un poco más o un poco menos belleza en su piel. He comparado los cráneos de los zorros del norte y los zorros de Egipto con los zorros de Francia, y sólo he encontrado diferencias individuales... Una melena espesa, continúa, es la única diferencia entre la hiena de Persia y la de Marruecos ... El esqueleto de un gato de Angora no difiere en nada constante del de un gato salvaje, etc... »

Enfin il arrive au chien, et ici il a fait un travail très approfondi, travail pour lequel il avait été aidé par son frère, Frédéric Cuvier, le naturaliste le plus exact que j'aie connu.

« Les chiens varient pour la couleur, pour l'abondance du poil, qu'ils perdent meme quelquefois entièrement; pour la taille, pour la forme des oreilles, du nez, de la queue; pour la hauteur relative des jambes, pour le développement du cerveau d'où résulte la forme de la tête, etc., enfin, et ceci est le maximum de variation connu jusqu'à ce jour dans le règne animal, il y a des races de chiens qui ont un doigt de plus aux pieds de derrière avec les os du tarse correspondants, comme il y a, dans l'espèce humaine, quelques familles sexdigitaires. » [32]

Finalmente llegó al perro, y aquí hizo un trabajo muy minucioso, para el que contó con la ayuda de su hermano, Frédéric Cuvier, el naturalista más exacto que yo he conocido.

« Los perros varían en color, por la abundancia de pelo, que pierden a veces incluso completamente, por tamaño, por la forma de las orejas, nariz, cola; por la altura relativa de las patas; por el desarrollo de cerebro del que resulta la forma de la cabeza, etc., finalmente, y esta es la variación máxima conocida hasta este día en el reino animal, hay razas de perros que tienen un dedo sobre los pies de detrás de los huesos del tarso correspondientes, al igual que existe en la especie humana, algunas familias sexdigitales. »

---

[32] Discours sur les révolutions de la surface du globe.

Comme nous sommes loin de M. Darwin et des *effets immenses* qu'il fait produire à son *élection naturelle*! Ou plutôt comme les faits vus en eux-mêmes, diffèrent des faits vus à travers l'esprit de système et les *fantômes de l'abstraction.*

Il y a, dans les animaux, des caractères qui résistent à toutes les influences. Ces caractères sont les caractères intérieurs. Le plus profond de ces caractères est celui de la *fécondité*, et c'est la *fécondité* qui fait la *fixité.*

Les *variétés* de nos animaux domestiques sont innombrables. Toutes ces variétés n'en sont pas moins fécondes entre elles; tous nos chiens, tous nos chevaux, tous nos bœufs, etc., sont féconds entre eux et d'une fécondité continue.

¡Cuán lejos estamos de Mr. Darwin y de los *efectos inmensos* de su *selección natural*! O más bien, cómo los hechos mismos, difieren de los hechos vistos a través del espíritu del sistema y los *fantasmas de la abstracción*!

Hay, en los animales, caracteres que se resisten a todas las influencias. Estos caracteres son los internos. El más profundo es la *fertilidad* y la *fertilidad*, es el que determina la *fijeza.*

Las *variedades* de nuestras mascotas son infinitas. Todas estas variedades no son menos fértiles entre sí, todos nuestros perros, nuestros caballos, nuestros ganados, etc., Son fértiles entre sí y de una fertilidad continua.

Les *espèces* diverses, unies entre elles, n'ont qu'une fécondité bornée. Ceci est le *genre*. En définitive, c'est la fécondité qui décide de tout. Une *espèce* vient de la *fécondité continue*; le *genre*, de la *fécondité bornée*; les autres groupes, *l'ordre* et la *classe*, n'ayant plus entre eux de fécondité, n'ont plus, entre eux, de rapports de *consanguinité* ou *parenté*.

Je termine, et je reviens à mon objet principal : la *fixité* des espèces. Les faits sont avérés et connus de tous.

Las diversas *especies*, unidas entre sí, sólo tienen fertilidad limitada. Este es el *género*. En última instancia, es la fertilidad la que decide todo. Una *especie* procede de la *fertilidad continua*, el *género*, de la *fertilidad limitada*, los otros grupos, el *orden* y la *clase*, no tienen entre ellos relación de fertilidad, ni relaciones de *consanguinidad* o *parentesco*.

Termino, y vuelvo a mi tema principal: la *fijeza* de las especies. Los hechos están probados y conocidos por todos.

On a rapporté d'Egypte des momies d'hommes. Les hommes d'aujourd'hui sont comme étaient ceux d'alors. On a rapporté des momies d'animaux: de chiens, de bœufs, de crocodiles, d'ibis, etc. Tous ces animaux sont les mêmes que ceux d'aujourd'hui. Les trois mille ans, écoulés depuis qu'ils vivaient, n'ont rien changé.

Il y a deux mille ans que vivait Aristote. Guidé par l'anatomie comparée, Aristote divisait le règne animal comme le divise aujourd'hui M. Cuvier.

Il y avait des quadrupèdes vivipares ou des mammifères, des oiseaux, des quadrupèdes ovipares ou des reptiles; il y avait des poissons, des insectes, des crustacés, des mollusques, des rayonnes ou zoophytes. Le règne animal d'Aristote était le règne animal d'aujourd'hui. Les animaux d'Aristote sont reconnus par les moindres particularités qu'il a signalées.

On cherche des merveilles et l'on croit en trouver dans de prétendus changements des êtres. La plus grande merveille est que l'espèce soit *fixe* et que les espèces diverses restent éternellement distinctes.

Se trajeron de Egipto momias humanas. Los hombres de hoy son como los de entonces. Se ha informado de momias animales: perros, vacas, cocodrilos, garzas, etc. Todos estos animales son los mismos que los de hoy. Tres mil años han pasado desde que vivían, y no han cambiado.

Hace dos mil años que vivió Aristóteles. Guiado por la anatomía comparada, Aristóteles dividió el reino animal como M. Cuvier lo divide hoy.

Había cuadrúpedos vivíparos o mamíferos, aves, y cuadrúpedos ovíparos o reptiles había peces, insectos, crustáceos, moluscos, zoófitos o radiados. El reino animal de Aristóteles era el reino animal de la actualidad. Los animales de Aristóteles se reconocen por cada particularidad que él señaló.

Se buscan maravillas y se cree haberlas encontrado en pretendidos cambios de los seres. La mayor maravilla es que la especie es *fija* y las diversas especies permanecen eternamente distintas.

II Partie

II Parte

J'ai fait connaître dans mon premier article *l'election naturelle* de M. Darwin. Je passe à sa *concurrence vitale*. La concurrence et l'élection naturelle sont les deux pivots sur lesquels tourne tout son système, la *concurrence vitale* est la guerre perpétuelle que les animaux se font entre eux pour leur subsistence.

« Grâce, dit M. Darwin, à ce combat perpétuel que tous les êtres vivants se livrent entre eux pour leurs moyens d'existence «toute variation, si légère qu'elle soit, et de quelque cause qu'elle procède, pourvu qu'elle soit en quelque degré avantageuse à l'individu dans lequel elle se produit, tend à la conservation de cet individu. » [33]

« Deux animaux, dit-il encore, du genre canis peuvent être, avec certitude, considérés comme ayant à lutter entre eux à qui obtiendra la nourriture qui lui est nécessaire pour vivre... Le gui dépend du pommier et de quelques autres arbres : on peut dire qu'il lutte contre eux... Plusieurs semences de gui croissant les unes a près des autres, sur la même branche, avec plus de vérité encore, luttent entre elles. » [34]

En el primer capítulo he dado a conocer la *selección natural* de M. Darwin. Ahora voy a tratar de su *lucha por la vida*. La competición y la *selección natural* son los dos pilares sobre los que gira todo su sistema, la *lucha por la vida* es la guerra perpetua que los animales hacen entre sí para su subsistencia.

«Es gracias, dice Darwin, a esta lucha perpetua que todos los seres vivos tienen entre sí por sus medios de subsistencia, que toda variación por débil que sea, y cualquiera que sea su causa, siempre que sea en cierto grado beneficiosa para el individuo en el que se produce, tiende a la conservación del individuo. »

«Dos animales, dice, del género Canis podemos, con seguridad, considerar que tienen que luchar contra ellos para conseguir la comida que necesitan para vivir ... El muérdago depende del manzano y otros árboles: Se puede decir que lucha contra ellos ... Varias semillas de muérdago que crecen cerca unas de las otras, en la misma rama, con más verdad aún, luchan entre ellas. »

---

[33] p 91 de la edición francesa anteriormente citada.

[34] p 93 de la misma edición.

Soit. Mais de quelle façon la *concurrence vitale* va-t'élle concourir à *l'élection naturelle* ?

Le voici :

A mesure que l'élection naturelle profite de tout pour améliorer certains individus, la concurrence vitale détruit le plus d'individus qu'elle peut, « afin, dit l'auteur, que *l'election naturelle* ait plus de matériaux disponibles pour son œuvre de perfectionnement». [35]

Avec M. Darwin, on a deux classes d'êtres : les êtres *élus*, que *l'élection naturelle* améliore sans *cesse*, et les êtres *délaissés*, que la *concurrence vitale* est toujours prête à exterminer.

S'entraidant ainsi, la *concurrence vitale* et *l'élection naturelle* mènent toutes choses à bonne fin ; car ici la bonne fin, la fin désirable, c'est que certains individus, les individus *élus*, s'améliorent, se perfectionnent, et que les autres soient détruits et anéantis.

« C'est une généralisation de la loi de Malthus, dit M. Darwin, appliquée au règne organique tout entier ». [36]

Sea. Pero,... ¿de qué modo contribuirá la *lucha por la vida* a la *selección natural?*

Veamos:

A medida que la selección se aprovecha de todo para mejorar a ciertos individuos, la competición vital destruye el mayor número posible de individuos « *a fin*, dice el autor, de que la *selección natural* tenga más materiales disponibles para su obra de perfeccionamiento ».

Con el Sr. Darwin, tenemos dos clases de seres: los seres *elegidos*, que la *selección natural* está mejorando constantemente, y los *deshechados*, a quienes la *lucha por la vida* está siempre dispuesta a exterminar.

Ayudándose entre sí, *lucha por la vida* y la *selección natural* llevan todas las cosas a buen fin, pues aquí el buen fin, el fin deseable es que algunos individuos es decir los elegidos, mejoren, se perfeccionen y que los otros sean destruidos y aniquilados. [37]

« Esta es una generalización de la ley de Malthus, dijo Darwin, aplicada a todo el reino orgánico. »

---

[35] p 118 edicion francesa mencionada.

[36] p 94 edicion francesa mencionada.

[37] La conexión del darwinismo (selección natural) con la eugenesia queda puesta de manifiesto en éstos y en otros párrafos de El Origen.

Une fois ce principe posé, d'un *pouvoir électif* occupé sans relâche à *choisir* ce qui est bon et à *éliminer* ce qui est mauvais, il n'était plus besoin que de *matériaux disponibles*, et ce qui les fournit, c'est la *concurrence vitale*.

La *concurrence vitale* expliquée, revenons à *l'élection naturelle*. « Or, dit M. Darwin, *cette loi de conservation des variations favorables et d'élimination des déviations nuisibles, je la nomme élection naturelle.* » [38]

Voyons donc, encore une fois, ce qu'il peut y avoir de fondé dans ce qu'on nomme *élection naturelle*.

L'élection naturelle n'est, sous un autre nom, que la nature. Pour un être organisé, la nature n'est que l'organisation, ni plus, ni moins.

Una vez establecido este principio, un *poder electivo* constantemente ocupado para *elegir* lo que es bueno y eliminar lo que es malo, no necesitábamos más que los *materiales disponibles*, y lo que los viene a ofrecer es la competencia vital, *la lucha por la vida*.

Explicada *la lucha por la vida*, volvamos a *la selección natural*. «Ahora, el señor Darwin dice, *a la ley de la conservación de las variaciones favorables y la eliminación de las desviaciones nocivas, la llamaré selección natural.*»

Veamos, una vez más, que es lo que puede haber de fundamento en lo que se llama *selección natural*.

La selección natural es, con otro nombre, la naturaleza. Para un ser organizado, la naturaleza es la organización, ni más, ni menos.

---

[38] p 116 edicion francesa mencionada.

Il faudra donc aussi personnifier *l'organisation*, et dire que *l'organisation* choisit *l'organisation*. *L'élection naturelle* est cette forme substantielle dont on jouait autrefois avec tant de facilité. Âristote disait que, « *si l'art de bâtir était dans le bois, cet art agirait comme la nature.* » À la place de *l'art de bâtir*, M. Darwin met *l'élection naturelle*, et c'est tout un : l'un n'est pas plus chimérique que l'autre.

Mais, pour Dieu laissons enfin tous ces raisonnements inutiles. L'abus du raisonnement perd tout :

Et le raisonnement en bannit la raison,

dit Chrysale dans les Femmes savantes. Venons aux faits. M. Darwin cite-t-il un seul fait, je dis un seul, dont on puisse conclure qu'une espèce s'est changée en une autre? Quelqu'un a-t-il jamais vu un poirier se changer en pommier, un mollusque se changer en insecte, un insecte en oiseau?

Por lo tanto, también será necesario personificar la *organización* y decir que la *organización* decide *organizarse*. La *selección natural* es aquella forma sustancial, con la que jugábamos en otros tiempos con tanta facilidad. Aristóteles dijo que « si el arte de edificar se encontrase en la madera, entonces este arte actuaría como la naturaleza.» En lugar del *arte de la construcción*, el señor Darwin pone a *la selección natural*, y eso es todo uno: el uno no es más extravagante que lo que era el otro.

Pero por Dios dejemos finalmente todos estos razonamientos inútiles. El abuso de razonamiento lo echa todo a perder:

Y el razonamiento destierra a la razón,

dice Chrysale en Las Damas Sabias. Vayamos a los hechos. ¿Acaso Mr. Darwin cita un solo hecho, me refiero a uno sólo, a partir del cual se pueda concluir que una especie se ha convertido en otra? ¿Alguien ha visto alguna vez un peral convertirse en manzano, un molusco en insecto, o un insecto en pájaro?

Plus j'y réfléchis, plus je me persuade que M. Darwin confond la *variabilité* avec *mutabilité*. Ce sont deux mots, ou plutôt deux phénomènes qu'on ne peut séparer assez. La *variabilité* ce sont les variations, les nuances plus ou moins tranchées, des variétés d'une même espèce: elles sont toutes intrinsèques; aucune ne sort de l'espèce. La *mutabilité* c'est tout autre chose; c'est le changement radical d'une espèce en une autre, et ce changement radical ne s'est jamais vu.

Linné disait, en parlant des *variétés* : « Il y a autant de *variétés* que de végétaux différents, produits par la semence ou la graine d'une même plante » et M. Decaisne l'a bien prouvé : il a obtenu autant de variétés qu'il a semé de graines de poirier.

M. Darwin ne connaît point le vrai caractère de l'espèce. Il affecte même d'en faire fi. Cependant tout est là, et, si l'on n'est sûr de l'espèce, on n'est sûr de rien.

Cuanto más pienso en ello, más me convenzo de que el señor Darwin confunde la *mutabilidad* con la *variabilidad*. Estas son las dos palabras, o más bien dos fenómenos inconfundibles. *Variabilidad* son variaciones, matices más o menos asentadas, las variedades de la misma especie: son intrínsecas y ninguna sale fuera de la especie. La *mutabilidad* es otra cosa, es el cambio radical de una especie en otra, y tal cambio radical nunca se ha visto. [39]

Linneo, dijo, refiriéndose a variedades: « Hay tantas *variedades* como plantas diferentes producidas por semillas de la misma planta», y el Sr. Decaisne ha demostrado bien: obteniendo tantas variedades como semillas de pera sembradas.

Mr. Darwin no conoce el verdadero carácter de la especie. Presume de hacer caso omiso de ello. Sin embargo, todo está ahí, y si uno no está seguro de la especie, entonces no estará seguro de nada.

---

[39] En la nota catorce poníamos de manifiesto cómo Darwin confunde Selección con Mejora, ahora Flourens advierte que Darwin confunde también *mutabilidad* con *variabilidad.*

« Je ne puis discuter ici, dit M. Darwin, les diverses définitions qu'on a données du terme à *l'espèce*. Aucune de ces définitions n'a encore satisfait pleinement tous les naturalistes, et cependant chaque naturaliste sait, au moins vaguement, ce qu'il entend quand il parle d'une espèce ». [40] Je ne crois pas du tout que *chaque naturaliste* s'en tienne là. Mais, pour le moment, peu m'importe ; la position de M. Darwin est toute particulière ; c'est sur *l'espèce* qu'il fait un livre.

Il dit des *variétés*, « Le terme de *variété* est presque également difficile à définir, mais l'idée d'une descendance commune est presque généralement impliquée, quoi qu'elle puisse bien rarement se prouver. » [41]

« No puedo discutir aquí, dice el Sr. Darwin, las diversas definiciones que se han ido dado de la especie. Ninguna de estas definiciones ha satisfecho aún plenamente a todos los naturalistas, y sin embargo todo naturalista sabe, al menos vagamente, lo que quiere decir cuando habla de una especie. ». Yo no creo en absoluto que *todos los naturalistas* se vayan a quedar ahí parados. Pero por el momento, no me importa, la posición del Sr. Darwin es muy particular; es sobre la *especie* que trata su libro. [42]

De las *variedades* dice, « El término *variedad* es casi igualmente difícil de definir, pero la idea de una descendencia común está casi universalmente implícita, lo que rara vez puede probarse. »

---

[40] p 69

[41] p 70

[42] Está bien tener dudas sobre conceptos fundamentales de la Historia Natural, como el de especie, viene a decir Flourens, pero en ese caso resulta arriesgado escribir un libro sobre El Origen de las Especies. El propio Flourens tiene más claro el concepto de especie que Darwin, como demostrará a lo largo del libro.

Il dit enfin, et tout à la fois, des espèces et des variétés : « On ne saurait contester que beaucoup de *formes* considérées comme des variétés par des juges hautement compétents, ont si parfaitement le caractère d'espèces qu'elles sont rangées comme telles par des juges d'un égal mérite. Quant à discuter si des *formes* qui diffèrent sont à juste titre appelées espèces ou variétés avant qu'une définition de ces termes ait été universellement adoptée, ce serait prendre une peine inutile. » [43]

Comment *inutile*? mais elle était d'autant plus nécessaire qu'on avait plus négligé de la prendre.

Dijo, por último, y al mismo tiempo, de las especies y variedades: « No podemos negar que muchas *formas* consideradas como variedades por jueces muy competentes, tienen tan perfectamente el carácter de especies que están clasificadas como tales por jueces de igual mérito. En cuanto a discutir si determinadas *formas* diferentes son justamente llamadas especies o variedades antes de adoptar universalmente cualquier definición de estos términos, serían problemas inútiles. »

¿Cómo *inútiles*? Al revés, se trata de cuestiones que son tanto más necesarias en cuanto más las hayamos ido olvidando.

---

[43] p 56 edicion francesa mencionada.

Il y a deux caractères qui font juger de l'espèce : La *forme* comme dit M. Darwin, ou la *ressemblance*, et la *fécondité*. Mais il y a longtemps que j'ai fait voir que la *ressemblance*, la *forme* n'est qu'un caractère accessoire : le seul caractère essentiel est la *fécondité*.

«La comparaison de la ressemblance des individus, dit Buffon, n'est qu'une idée accessoire et souvent indépendante de la première (la succession constante des individus par la génération); car l'âne ressemble au cheval plus que le barbet au lévrier, et cependant le barbet et le lévrier né font qu'une même espèce, puisqu'ils produisent ensemble des individus qui peuvent eux-mêmes en produire d autres, au lieu que le cheval et l'âne sont certaî- nement de différentes espèces puisqu'ils ne produisent ensemble que des individus viciés et inféconds. » [44]

Hay dos caracteres que definen a la especie: La *forma* como dice el Sr. Darwin, o *semejanza*, y la *fertilidad*. Pero hace mucho tiempo que veo que la *semejanza*, la *forma*, es sólo incidental: lo esencial es la *fertilidad*.

«La comparación de la similitud de los individuos, dice Buffon, es una idea accesoria y, a menudo independiente de la primera (sucesión constante de individuos por generación) pues el burro se parece más al caballo que el galgo al perro de aguas y sin embargo, los dos últimos son de la misma especie, puesto que pueden producir entre sí otros individuos de su misma especie ; mientras que el caballo y el burro son ciertamente diferentes especies por no producir sino individuos defectuosos y estériles. »

---

[44] Histoire de l'âne

L'espèce est d'une *fécondité continue* et toutes les variétés sont entre elles d'une *fécondité continue* ce qui prouve qu'elles ne sont pas sorties de l'espèce, qu'elles restent espèce, qu'elles ne sont que l'espèce qui s'est diversement nuancée.

Au contraire, les espèces sont distinctes entre elles, par la raison décisive qu'il n'y a entre elles qu'une *fécondité bornée.*

J'ai déjà dit cela, mais je ne saurais trop le redire.

La especie es de una *fertilidad continua* y todas las variedades entre ellas tienen una *fertilidad continua* que demuestra que no están fuera de la especie, al contrario están en la especie, son sólo matices diversos de la especie.

En cambio, las especies son distintas una de otra, por la razón decisiva de que no hay entre ellas más que una *fertilidad limitada.*

Ya he dicho esto, pero no me cansaré de repetirlo.

On voit combien M. Darwin s'abuse lorsqu'il appelle les *variétés* des *espèces naissantes*. C'est, au reste, par là qu'il commence la chaîne de ses mutations. La *variété* se fait *espèce*, *l'espèce* se fait type de *genre*, le genre passe du genre à *ordre*, l'ordre passe à la *classe*, et c'est ainsi que M. Darwin conclut par ces mots que j'ai déjà cités, et qui résument tout son système : « Je pense que tout le règne animal est descendu de quatre ou cinq types primitifs tout au plus. L'analogie me me conduirait un peu plus loin, c'est-à-dire a la croyance que tous les animaux descendent d'un seul prototype. » [45]

Cependant il ne faudrait pas croire que M. Darwin ne trouve pas à tout cela quelques difficultés : il y en trouve beaucoup, au contraire, mais il les résout toutes, bien entendu.

Vemos cómo el señor Darwin abusa cuando llama a las *variedades, especies incipientes*. Es, por otra parte, ahí, por donde comienza la cadena de sus mutaciones La *variedad* se convierte en *especie*, la *especie* se hace un tipo de *genero*, el *género* cambia a *orden*, el orden a *clase*, y es así como el señor Darwin concluye, con estas palabras que ya he citado y resumiendo todo su sistema: « Creo que todo el Reino Animal desciende de cuatro o cinco tipos primitivos como máximo. La analogía me llevaría un poco más lejos, es decir, a la creencia de que todos los animales descienden de un solo prototipo. »

Sin embargo, no debemos creer que el señor Darwin no encuentra algunos problemas: hay muchos, por el contrario : pero todos los resuelve, por supuesto.

---

[45] P. 669

Par exemple, on lui dit : « Si toutes les espèces descendent d'autres espèces antérieures par des transitions graduelles presque insensibles, comment se fait-il que nous ne trouvions pas partout d'innombrables formes transitoires? »

M. Cuvier avait cru, pour son compte, cette réponse victorieuse. Peut-être, lui disait-on, les animaux des divers âges du globe ne sont-ils que des modifications les uns des autres? C'était à peu près l'idée de M. Darwin. «Mais, répondait Cuvier, si cette transformation a eu lieu, pourquoi la terre ne nous en a-t-elle pas conservé les traces ? »

« Pourquoi ne découvre-t-on pas, entre le *paloeotherium*, le *megalonyx*, le *mastodonte*, etc., et les espèces d'aujourd'hui, quelques formes intermédiaires? » [46]

« Pourquoi, dit-on à M. Darwin, pourquoi pas d'innombrables formes transitoires? »

Por ejemplo, si le dicen: «Si todas las especies han descendido de otras especies por transiciones graduales casi imperceptibles, ¿cómo es que no encontramos en todas partes innumerables formas de transición? »

M. Cuvier había creído por su parte, esta respuesta victoriosa. Tal vez, se le había dicho, los animales de diferentes edades en todo el mundo, no son más que modificaciones de unos en otros? Se trataba aproximadamente de laidea del señor Darwin. «Pero, respondía Cuvier, si esta transformación tuvo lugar, entonces ¿por qué la tierra no conserva sus restos ? »

«¿Por qué no se descubren formas intermedias entre los *Paloeotherium*, *Megalonyx*, *Mastodonte*, etc., Y las especies de hoy en día? »

«¿Por qué, decimos al señor Darwin, cómo es qué no existen innumerables formas de transición? »

---

[46] Discours sur les Revolutions du Globe

« C'est, répond-il, que les variétés transitoires doivent avoir été exterminées. » [47]

Exterminées ou non, j'en dois trouver les restes, les traces, et cela seul m'importe.

M. Darwin se rejette sur les ossements fossiles. « En considérant, non pas une époque particulière, dit-il, mais toute la succession des temps, si ma théorie est vraie, d'innombrables variétés intermédiaires reliant étroitement les unes aux autres toutes les espèces d'un même groupe doivent assurément avoir existé; mais le procédé d'élection naturelle tend à exterminer les formes-mères et les formes intermédiaires. Conséquemment on ne peut s'attendre à trouver des preuves de leur existence antérieure que parmi les débris fossiles qui se sont conservés jusqu'à nous. » [48]

« Ocurre, contesta, que las variedades de transición deben de haber sido exterminadas». Exterminados o no, tengo que encontrar los restos, rastros, y solo eso importa.

Mr. Darwin se lanza sobre los huesos fósiles. « Teniendo en cuenta, dice, no una sola época particular, sino toda la secuencia del tiempo, si mi teoría es cierta, innumerables variedades intermedias vinculando estrechamente unas con otras todas las especies del mismo grupo, seguramente deben de haber existido ; pero el proceso de la selección natural tiende a exterminar las formas madres y las formas intermedias. Por eso no podemos esperar encontrar evidencia de su existencia anterior sino entre los restos fósiles que se han conservado hasta nosotros. »

---

[47] P 246.

[48] P 255.

M. de Blainville pensait, en effet, dans son idée supérieure de *l'unité du règne animal* que les espèces qui manquent dans la série des êtres vivants devaient se trouver parmi les êtres fossiles.

Tant qu'il s'était borné, dis-je dans son *Éloge historique* à l'étude des espèces actuelles, la série animale lui avait offert partout des *lacunes*, des *vides*. Partout des êtres manquaient. C'est alors que, dans un éclair de génie, il voit et retrouve dans la nature perdue les êtres qui manquent à la nature vivante, et qu'il intercale avec une habileté surprenante, parmi les espèces actuelles, les espèces fossiles, saisissant, dès ce moment même, et, le premier, entre tous les naturalistes, nous découvrant enfin *l'unité du règne*.

La grande vue de M. de Blainville méritait d'être rappelée par M. Darwin ; mais M. Darwin ne cite que les auteurs qui partagent ses opinions ; il cite à peine M. Cuvier, et ne cite pas du tout M. de Blainville.

M. de Blainville pensaba, en efecto, en su idea superior de la *unidad del Reino Animal* que las especies que faltan en la serie de los seres vivos deberían encontrarse entre los fósiles.

Mientras se hubo limitado, dije en su *Elogio histórico,* al estudio de las especies presentes, la serie animal le ofreció por todas partes *lagunas*, *vacíos*. Faltaban seres por todas partes. Fue entonces cuando, en un destello de genio, ve y encuentra en la naturaleza perdida los seres que faltan en la naturaleza, y que él intercala con una habilidad sorprenente entre las especies existentes, las especies fósiles, acertando en este mismo momento, y el primero entre todos los naturalistas, en descubrir finalmente la *unidad del Reino*.

Los grandes aciertos del señor de Blainville merecían ser recordados por el señor Darwin, pero el señor Darwin sólo cita los autores que comparten sus puntos de vista ; apenas cita a Cuvier, y no menciona en absoluto del señor Blainville.

Voici une autre difficulté plus difficile à résoudre. On ne peut ici avoir recours aux fossiles.

« Comment se fait-il, dit-on à M. Darwin, avec votre système des gradations insensibles, que les espèces soient si *bien définies*, et que tout ne soit pas en confusion dans la nature? » [49]

Cette dernière objection est décisive : entre les espèces, toujours distinctes, bien définies comme dit M. Darwin, et les espèces toujours en voie de passer de lune à l'autre, il y a une contradiction formelle.

On continue. « Comment, par exemple, un animal carnivore terrestre peut-il avoir été transformé en animal aquatique? Comment, aurait-il pu vivre pendant son état transitoire? — Il serait aisé de démontrer, répond M. Darwin, que, dans le même groupe, il existe des animaux carnivores qui présentent tous les degrés intermédiaires entre des habitudes véritablement aquatiques et des habitudes exclusivement terrestres. Comme chacun d'eux n'existe qu'en vertu d'un triomphe de la *concurrence vitale*, il est clair que chacun d'eux doit être convenablement adapté à ses habitudes et à sa situation dans la nature.» [50]

C'est-à-dire que de deux animaux en voie de passer du terrestre à l'aquatique, ou de l'aquatique au terrestre, l'un n'existe que lorsque la concurrence vitale a exterminé l'autre.

He aquí otro problema más difícil de resolver. No podemos, en este caso, utilizar los fósiles.

«¿Cómo es posible, se le dice al señor Darwin, con su sistema de gradaciones insensibles, que las especies estén tan *bien definidas*, y que no todo sea confusión en la naturaleza? »

Esta última objeción es decisiva : entre las especies, siempre distintas y bien definidas como indica Mr. Darwin, y las especies siempre evolucionando de una a otra, hay una contradicción formal.

Continuemos. « ¿Cómo, por ejemplo, un animal carnívoro terrestre podría haber sido transformado en animal acuático? ¿Cómo podría vivir durante su transición? - Sería fácil demostrar, dice Mr. Darwin, que en el mismo grupo, hay animales carnívoros que tienen todos los grados intermedios entre los hábitos verdaderamente acuáticos y hábitos exclusivamente terrestres. En la medida que cada uno existe sólo en virtud de su triunfo en la *lucha por la vida*, está claro que cada uno debe estar convenientemente adaptado a sus hábitos y a su posición en la naturaleza».

Eso es que, de dos animales en evolución de lo terrestre a lo acuático o viceversa, no existe uno sino cuando la competencia vital ha exterminado al otro.

---

[49] P. 245

[50] P. 255.

« Le procédé d'extinction et celui d'élection naturelle marchent de pair, dit M. Darwin; il suit de là que si nous considérons chaque espèce comme descendant de quelque forme inconnue, la forme mère, de même que les variétés transitoires, devront avoir été exterminées, par suite du procédé même de la formation.» [51]

Ce cas paraît donc à M. Darwin des plus simples, mais « si l'on avait demandé, ajoute-t-il, comment un quadrupede insectivore peut avoir été métamorphosé en une chauve-souris, capable de vol, la question eût été plus difficile à résoudre, et je n'aurais pu y répondre pour le moment d'une manière satisfaisante. J'ai la conviction cependant que de pareilles objections ont peu de poids, et que ces difficultés ne sont pas insolubles.» [52]

On ne se lasse point. «Pouvons-nous croire, dit-on à M. Darwin, que l'élection naturele réussisse à produire, d'un côté, des organes de peu d'importance , tels que la queue d'une girafe pour lui servir de chasse - mouches , et, d'autre coté, des organes d'une structure aussi merveilleuse que celle de l'œil dont nous pouvous à peine comprendre l'inimitable perfection ?» [53]

« El proceso de extinción y la selección natural van de la mano, dice Mr. Darwin ; se deduce que si miramos a cada especie como descendiente de alguna forma desconocida, la forma madre, al igual que las variedades de transición, deberán haber sido exterminadas, como consecuencia del proceso de la formación. »

Este caso parece al señor Darwin de lo más sencillo, pero « si le hubieran preguntado, añade él, cómo un cuadrúpedo insectívoro pudo haberse convertido en un murciélago, con capacidad de volar, la pregunta habría sido más difícil de resolver, y yo no podía responder por el momento satisfactoriamente. Creo, sin embargo, que tales objeciones tienen poco peso, y que estas dificultades no son insolubles. »

No se rinde jamás. « ¿Podemos creer, se le dice al señor Darwin, que la selección natural pueda producir por un lado, los órganos de poca importancia, como la cola de una jirafa para servir como caza-moscas, y por otro lado, los componentes de una estructura tan maravillosa como el ojo del que dificilmente se puede entender tal perfección inimitable? »

---

[51] P. 246.

[52] P. 256.

[53] P. 245.

Arrêtons-nous un moment.

Comment ose-t-on se poser de pareilles questions, et se les poser avec espoir de les résoudre ? Qui comprendra jamais comment se forme la queue d'une girafe ou l'œil de l'homme?

Paremos aquí un momento.

¿Cómo puede nadie atreverse a hacer tales preguntas, y hacerlo con esperanza de resolverlas? ¿Quién podrá entender jamás cómo se forma la cola de una jirafa, o el ojo humano?

M. Darwin se défendait beaucoup, au commencement de son livre, de donner autre chose à la nature qu'une élection *inconsciente*, «Dans le sens littéral du mot, disait-il alors, il n'est pas douteux que le terme d'élection naturelle ne soit un contre-sens.» [54]

Je poursuis ma lecture, et enfin j'arrive à ces mots : « Il faut admettre qu'il existe un *pouvoir intelligent* : c'est *l'élection naturelle,* constamment à raffut de toute altération produite, pour saisir avec soin celles de ces altérations qui peuvent être *utiles* de quelque manière et à quelque degré que ce soit». [55]

Mr. Darwin se defendió mucho al comienzo de su libro, por haber dado a la naturaleza nada más que una selección *inconsciente* «En el sentido literal de la palabra, dijo entonces, no hay duda de que el término la selección natural es una expresión falsa ».

Sigo leyendo, y finalmente llego a estas palabras: «Hay que admitir que hay un *poder inteligente*: es la *selección natural* siempre vigilando cada alteración producida para capturar a aquellos cuidadosamente aquellas alteraciones que pueden ser útiles en cualquier forma y en cualquier grado que sea. » [56]

---

[54] P. 116

[55] P. 272. En la versión inglesa es : *Further we must suppose that there is a power, represented by natural selection or the survival of the fittest, always intently watching each slight alteration in the transparent layers; and carefully preserving each which, under varied circumstances, in any way or degree, tends to produce a distincter image.*

[56] A lo largo de toda la obra Darwin juega a ocultar la idea de diseño en la naturaleza, pero la selección natural, idea vacía, flatus vocis o fantasma semántico no es suficiente para tal fin y la idea de diseño surge cada poco imparable como algo que está siempre presente en la mente del autor empeñado en hacerlo desaparecer.

Je voudrais, pour l'édification de mon lecteur, lui donner une théorie complète de la formation des êtres d'après M. Darwin. Mais je remarque, d'abord, que son système n'a pas de commencement. Le commencement obligé de tout système, qui fabrique les êtres de toutes pièces, est la *génération spontanée*. On a beau s'en défendre : tout système de ce genre commence par la *génération spontanée* ou y aboutit : témoins, Lamarck, Geoffroy Saint-Hilaire, et les autres, tous à la suite de Buffon.

Me gustaría, para la edificación de mis lectores, darles una teoría completa de la formación de los seres de acuerdo con el Sr. Darwin. Pero me doy cuenta, en primer lugar, que el sistema no tiene principio. El comienzo obligado de cualquier sistema para fabricar seres de todo tipo es la *generación espontánea*. De nada sirve defenderse: todo sistema de este tipo comienza con la *generación espontánea* a donde todo va a parar. Testigos: Lamarck, Geoffroy Saint-Hilaire, y otros, todos ellos siguiendo a Buffon.

Buffon imagine les *molécules organiques*. Ces molécules réunies forment les êtres vivants. Les animaux, déjà formés, les tirent des substances dont ils se nourrissent : ils s'en servent pour leur nutrition. Une fois introduites, par la nutrition, dans les parties, les molécules organiques, indestructibles et réversibles, s'y disséminent et s'y moulent : les parties sont les *moules intérieurs* des molécules. Une fois moulées, les molécules qui n'ont pas servi à la nutrition sont renvoyées dans des réservoirs particuliers (les *vésicules séminales*), et là les molécules similaires appellent les similaires, celles qui viennent des yeux se réunissent pour former des yeux, celles qui viennent du bras se réunissent pour former des bras, etc.; et c'est ainsi que, dans Buffon, on a du moins *l'origine*, le commencement des êtres.

Buffon imagina las *moléculas orgánicas*. Estas moléculas reunidas forman los seres vivos. Los animales, ya formados, las obtienen de las sustancias de las que se alimentan: las utilizan para su alimentación. Una vez introducidas, por la nutrición, en sus órganos, las moléculas orgánicas, indestructibles y reversibles, se difundirán y moldearán: los órganos son los *moldes internos* de las moléculas. Una vez moldeados, las moléculas que no fueron utilizados en la alimentación se devuelven a reservorios especiales (*vesículas seminales*), y ahí llaman las moléculas similares a las similares, las que vienen de los ojos se unen para formar los ojos, las que provienen de los brazos juntas forman los brazos, etc., y es así que, para Buffon, tiene lugar al menos el *origen*, el principio de los seres.

Faute de *génération spontanée*, M. Darwin est réduit à créer ses espèces avec d'autres espèces. Il tire les êtres actuels *d'existences antérieures* [57]; mais cela est peu sensé. Les ancêtres remontent à des ancêtres, ceux-là à d'autres, et ainsi sans fin. En histoire naturelle, il n'y a que deux origines possibles : ou la génération spontanée ou la main de Dieu. Choisissez. M. Darwin écrit un livre sur *l'origine des espèces*, et, dans ce livre, ce qui manque, c'est précisément *l'origine des espèces*. Ce que c'est que de venir trop tard : on ne croit plus aujourd'hui à la génération spontanée. Heureux Lamarck! « Il expliquait, dit M. Darwin, l'existence actuelle d'organismes très-simples, en supposant qu'ils' provenaient de *générations spontanées* » [58]

Je termine, pour aujourd'hui, l'examen auquel je me livre. Je le reprendrai dans un troisième article.

A falta de la *generación espontánea*, el señor Darwin se reduce a crear sus especies a partir de otras especies. Saca a los seres existentes de *existencias anteriores*, pero esto tiene poco sentido. Los antepasados remontan de nuevo a los antepasados, aquellos a otros, y así sin fin. En Historia Natural, sólo hay dos posibles orígenes: o bien la generación espontánea o la mano de Dios. Ustedes eligen. El Sr. Darwin escribió un libro sobre *el origen de las especies*, y en este libro, lo que falta es precisamente *el origen de las especies*. Eso tiene el llegar demasiado tarde : ahora ya no creemos en la generación espontánea. feliz Lamarck! « explicó, dice Darwin, la existencia actual de organismos muy simples, suponiendo que provenían de la *generación espontánea* ». [59]

Termino por hoy, el examen. Voy a retomarlo en un tercer artículo.

---

[57] P. XVIII.

[58] P. 1.

[59] A pesar de que Darwin toma una gran cantidad de ideas de Lamarck, no suele citarlo. Curiosamente lo cita, eso sí, cuando puede criticarlo o quedar él bien por encima, como en este caso en el que en El Origen de las Especies Darwin critica a Lamarck por admitir la generación espontánea.

Le système de M. Darwin est fait avec un art infini. L'auteur est un homme plein de ressources, d'une fertilité d'esprit inépuisable, d'un savoir immense.

Son livre a déjà, pour lui, presque tout le monde. Il a gagné d'abord tous ceux qui pensent à peu près de même, et le nombre en est grand, surtout depuis Lamarck et Geoffroy Saint-Hilaire. Il est peu d'esprits, d'ailleurs, assez fermes pour contempler d'un œil assuré l'inébranlable fixité des espèces, et cette éternelle immobilité des êtres, qui les fait se succéder, d'un cours régulier, et toujours également distincts, également séparés, à une égale distance les uns des autres. C'est là le grand spectacle et le grand côté des choses. Les petites variations, plus à notre portée, nous absorbent. Les petits phénomènes nous font oublier les grands.

El sistema de Mr. Darwin está hecho con un arte infinito. El autor es un hombre lleno de recursos, una fertilidad de espíritu inagotable, de conocimiento inmenso.

Su libro ha ganado la aprobación de casi todo el mundo. Primero de todos los que piensan de la misma manera, cuyo número es grande, sobre todo desde Lamarck y Geoffroy Saint-Hilaire. Hay pocas mentes, además, lo suficientemente fuertes como para contemplar con vista firme la fijeza de las especies, y la quietud eterna del ser, que les hace sucederse, en un curso regular, y siempre distintos, igualmente distintos, a igual distancia unos de otros. Este es el gran espectáculo y el lado grande de las cosas. Las pequeñas variaciones, más a nuestro alcance, nos absorben. Los eventos pequeños nos hacen olvidar los grandes.

III Partie

III Parte

Je ne reviendrai pas sur le système de M. Darwin. Ce système est d'une contexture fort singulière: à côté des choses les plus vulgaires et les plus connues, se trouvent les idées les plus déliées et les plus subtiles. Je ne puis le lire sans me rappeler involontairement ces paroles de Fontenelle, dans *l'Eloge de Malebranche*: « Il s'y trouve un mélange adroit de quantité de choses moins abstraites qui, étant facilement entendues, encouragent le lecteur à s'appliquer aux autres, le flattent de pouvoir tout entendre et peut-être lui persuadent qu'il entend tout à peu près. »

No voy a detenerme más en el sistema de Mr. Darwin. Este sistema es una textura muy singular: al lado de las cosas más vulgares y conocidas, se vienen a encontrar las ideas más finas y sutiles. No puedo leerlo sin involuntariamente recordar estas palabras de Fontenelle[60], en su *Elogio de Malebranche*: « Se encuentra una mezcla inteligente de muchas cosas menos abstractas, que siendo fácilmente entendidas, animan al lector a aplicarse a las otras, le persuaden de poder entenderlo todo y tal vez lo convencen de que entiende más o menos todo. »

---

[60] Al igual que Flourens, Fontenelle había sido Secrétaire perpétuel de l'Academie des Sciences durante mucho tiempo (de 1699 à 1737).

On m'annonce un traité sur l'origine des espèces. J'ouvre le livre, et, sur l'origine des espèces, je ne trouve rien. Il s'agit seulement de leur transformation. Et, pour cette transformation, on imagine une *élection naturelle* que, pour plus de ménagement, on me dit être *inconsciente* sans s'apercevoir que le contre-sens littéral est précisément là: *élection inconsciente*.

Suit un très-long chapitre sur les variation des animaux domestiques. Les animaux domestiques sont les exemples les plus sûrs de la *variabilité* des espèces, mais ils sont aussi l'exemple le plus sûr de leur *immutabilité*, de leur *fixité*.

Ne confondez donc pas toujours la *variabilité* avec la *mutabilité* : il faut bien deux noms pour distinguer deux phénomènes. La *variabilité* est la subdivision de l'espèce en variétés; la *mutabilité* est la transformation des espèces les unes en les autres. Nous voyons tous les jours des variétés nouvelles dans nos animaux domestiques; nous n'avons jamais vu un animal domestique se transformer en un autre : un cheval, en bœuf; une brebis, en chèvre, etc.

Me hablaron de un tratado sobre el origen de las especies. Abro el libro y sobre el origen de las especies, no encuentro nada. Sólo se trata de su transformación. Y para esta transformación, nos imaginamos una *selección natural* que, para más rodeos, me dijeron que era inconsciente sin darse cuenta de que hay hay un contra-sentido literal. Precisamente ahí· *Selección inconsciente.* [61]

Sigue un capítulo muy largo en la variación de los animales domésticos. Los animales domésticos son los ejemplos más seguros de la *variabilidad* de las especies, pero también son los ejemplos más seguros de su *inmutabilidad*, su *fijeza*.

No se debe confundir la *variabilidad* con la *mutabilidad*: son necesarios dos nombres para distinguir dos fenómenos. La *variabilidad* es la subdivisión de la especie en variedades; *mutabilidad* es la transformación de una especie en otra. Vemos cada día nuevas variedades en nuestros animales domésticos, nunca hemos visto a un animal doméstico transformarse en otro : un caballo, en buey ; una oveja, en cabra, etc.

---

[61] Flourens ha detectado otro de los errores de Darwin : La selección inconsciente. Como la selección natural se trata de una construcción lingüística imposible. Un fantasma semántico. Como dice en este párrafo : un contra-sentido literal.

J'ai déjà dit ce qu'il faut penser de *l'élection naturelle*. Ou *l'élection naturelle* n'est rien, ou c'est la nature; mais la nature douée d'élection, mais la nature *personnifiée*: dernière erreur du dernier siècle; le xix' ne fait plus de *personnifications*.

Je passe à l'instinct. C'est ici le comble.

L'instinct est inné, essentiellement inné; et ce n'est pas seulement la faculté-instinct qui est innée, elle aurait cela de commun avec toutes les autres facultés, avec l'intelligence même qui comme faculté est innée. Ce qui est particulier à l'instinct, c'est que c'est tel ou tel acte très-compliqué, très-déterminé, qui est inné: la toile de l'araignée, la cellule de l'abeille, etc.

Ya he dicho lo que pienso de la *selección natural*. La *selección natural* no es nada, o es la naturaleza[62]; pero la naturaleza dotada de las elecciones, pero la naturaleza *personificada* : último error del siglo pasado, el diecinueve ya no admite *personificaciones*.

Paso al instinto. Esto es ya el colmo.

El instinto es innato, en esencialmente innato, y no es sólo la facultad-el instinto lo que es innato, sino que tendría en común esto con todas las otras facultades, con la misma inteligencia que, como facultad, es innata. Lo que es particular al instinto es que se trata de tal o cual acto particular muy complicado, muy decidido, que es innato: la tela de araña, la celda de la abeja, etc.

---

[62] Si en la nota anterior Flourens ponía de manifiesto un error de Darwin: la selección inconsciente, en esta frase hace lo mismo con la selección natural. Ambas expresiones carecen de contenido, son fantasmas semánticos. Como dice en este párrafo ambas son nada.

M. Darwin veut que l'instinct ne soit que le *résultat de petites conséquences contingentes* [63].

« Si l'on peut prouver, dit-il, que les instincts varient quelquefois, si peu que ce soit, dès lors je ne vois aucune difficulté à ce que *l'élection naturelle* conserve et accumule continuellement toute variation d'instinct, sans qu'il soit possible de poser une limite fixe ou son action doive nécessairement s'arrêter. Telle serait donc, selon moi, l'origine de tous les instincts les plus compliqués, les plus merveilleux.» [64]

On ne peut prendre cela au sérieux : *l'élection naturelle* élisant un instinct !

La poésie a ses licences, mais celle-ci passe un peu les bornes que j'y mets.

Mr. Darwin pretende que el instinto no sea más que el resultado de pequeñas consecuencias contingentes.

« Si podemos demostrar, dice, que los instintos varían a veces, aunque sea poco, entonces no veo ninguna dificultad en que la *selección natural* retenga y acumule continuamente toda variación del instinto, sin que sea posible establecer un límite fijo en el que su acción deba parar necesariamente. Esto sería, en mi opinión, el origen de todos los instintos más complicado, más maravillosos. »

No se puede tomar en serio: la *selección natural* eligiendo un instinto!

La poesía tiene sus licencias, pero esto sobrepasa un poco los límites.

---

[63] P. 302.

[64] P. 259.

M. Darwin nous dit : « Je ne puis croire qu'une fausse théorie nous explique, comme le fait la loi d'élection naturelle, les diverses grandes séries de faits dont j'ai parlé » [65]

Admirable naïveté ! M. Darwin s'est-il jamais aperçu qu'une explication *verbale*, qu'une explication purement de mots, comme *l'élection naturelle*, ait jamais contrarié quelqu'un? Buffon a-t-il été gêné par les *molécules organiques*? Lamarck par la *génération spontanée*, et Maupertuis lui même par les *attractions organiques*, quoiqu'il ne fût pas un Buffon, ni même un Lamarck?

«On peut se demander, dit M. Darwin, pourquoi presque tous les plus éminents naturalistes ont rejeté cette idée de la mutabilité des espèces?» [66] Eh ! mon Dieu !

Par une raison bien simple : parce qu'ils n'ont jamais vu d'espèce se transformer, et que vous ne leur en montrez point.

Dice Mr. Darwin: « No puedo creer que una teoría falsa nos explique, como hace la ley de la selección natural, las diferentes clases de hechos de los que he hablado »

Admirable ingenuidad! Mr. Darwin parece no darse cuenta de que una explicación verbal, una explicación puramente de palabras, como la *selección natural* jamás molestó a nadie? Buffon ha sido perturbado por las *moléculas orgánicas*? Lamarck por la *generación espontánea*, y él mismo Maupertuis por las *atracciones orgánicas*, aunque no sea él un Buffon, ni, incluso un Lamarck?

«Podemos preguntarnos, dice el señor Darwin, ¿por qué casi todos los naturalistas más eminentes han rechazado la idea de la mutabilidad de las especies? » Eh! Dios mío!

Por una razón muy sencilla: porque nunca han visto a una especie transformarse en otra, y usted tampoco se lo muestra en absoluto!.

[65] P. 577.

[66] P. 577.

« On peut se demander, dit encore M. Darwin, jusqu'ou il s'étend la doctrine des modifications de l'espèce. La question est difficile à résoudre, parce que plus les formes que nous avons à considérer sont distinctes, et plus nos arguments manquent de force. » [67]

Vous prenez mal la question : ce n'est pas par les formes que vous la résoudrez, c'est par la fécondité; je vous l'ai déjà dit.

M. Darwin continue : « Aucune distinction absolue n'a été et ne peut être établie « entre les espèces et les variétés. » [68]. Je vous ai déjà dit que vous vous trompiez: une distinction absolue sépare les variétés d'avec les espèces ; mais pour ne pas revenir sur la raison que j'ai amplement donnée, la fécondité, voici un fait :

Les races humaines sont distinctes, et assurément bien tranchées, et depuis bien des siècles. En voit-on aucune qui tourne à l'autre, qui passe ou qui soit passée à l'autre ?

« Podemos preguntarnos, dice el Sr. Darwin, ¿hasta dónde se extiende la doctrina de las transformaciones de especies. La cuestión es difícil de resolver, ya que cuanto más distintas son las formas que tenemos que tener en cuenta, más nuestros argumentos carecen de fuerza. »

Usted entiende mal la pregunta: no es por las formas que usted va a resolver el problema, sino a través de fertilidad, ya se lo he dicho. [69]

Mr. Darwin continúa. « Ninguna distinción absoluta puede ser establecida entre especies y variedades. ». Ya le he dicho a usted que se equivoca : Una distinción absoluta separa las variedades de las especies, pero para no volver a la razón que ya le he dado ampliamente y que es la fertilidad, he aquí un hecho:

Las razas humanas son distintas, y seguramente bien separadas, y durante muchos siglos. ¿Vemos alguna que cambie a otra, que pase o haya pasado a otra ?

---

[67] P. 580.

[68] P. 577.

[69] Veremos que Huxley critica el tono empleado por Flourens en esta frase y le llama arrogante. Lo que no hará Huxley será reconocer que efectivamente, arrogante o no, Flourens tiene claro, al igual que otros naturalistas de su tiempo como Owen y Agassiz, que la especie tiene una entidad propia que la hace diferente de la variedad. Esta entidad se manifiesta en la fertilidad, como se explica en el siguiente párrafo.

Buffon dit avec éloquence : « Lorsque, après des siècles écoulés, des continents traversés et des générations déjà dégénérées par l'influence des différentes terres, l'homme a voulu s'habituer dans des climats extrêmes, et peupler les sables du Midi et les glaces du Nord, les changements sont devenus si grands et si sensiblés qu'il y aurait lieu de croire que le nègre, le lapon et le blanc forment des espèces différentes, si l'on n'était assuré que ce blanc, ce lapon et ce nègre, si dissemblables entre eux, peuvent cependant s'unir ensemble et propager en commun la grande et unique famille du genre humain. Ainsi leurs taches ne sont pas originelles; leurs dissemblances n'étant qu'extérieures, ces altérations de nature ne sont que superficielles ; et il est certain que tous ne font que le même homme.» [70]

Je reviens à M. Darwin. Après tant et de si belles choses, il s'arrête content et satisfait. « Celui qui a quelque disposition, dit-il, à attacher plus de poids à des difficultés inexpliquées, qu'à l'explication d'un certain nombre de faits, rejettera certainement ma théorie. Un petit nombre de naturalistes, doués d'une *intelligence ouverte* peuvent être influencés par cet ouvrage » [71]

Buffon dijo elocuentemente: "Cuando, después de pasados los siglos, a través de los continentes y generaciones ya degeneradas por la influencia de tierras tan diferentes, el hombre ha querido habituarse a climas extremos, y poblar las arenas del Sur y hielo del Norte, los cambios han llegado a ser tan grandes y notorios, que habría razón para creer que el negro, el lapón y el blanco son especies diferentes, si no supiésemos con seguridad que este blanco, ese lapón y aquel negro, siendo entre ellos bien diferentes, sin embargo, pueden unirse y propagar en común la gran y única familia de la humanidad. Así sus tareas no son originales, siendo sus diferencias sólo externas, estos cambios en la naturaleza son sólo superficiales, y lo cierto es que todos son el mismo hombre. '

Vuelvo a Mr. Darwin. Después de dichas tantas cosas bellas, el viene a pararse contento y satisfecho. « Quien tenga alguna disposición, dice, para dar más peso a las dificultades inexplicables, que a la explicación de un cierto número de hechos, ciertamente rechazará mi teoría. Unos pocos naturalistas, dotados de *inteligencia abierta* pueden ser influenciados por este libro »

---

[70] Voyez le chapitre sur la dégénération des animaux.

[71] P : 579.

Laissons-donc cet ouvrage aux *intelligences ouvertes*.

Nul n'aura de l'esprit hors nous et nos amis.

Pour nous délasser un peu de tant d'inutiles subtilités, venons à quelques naturalistes, désintéressés de tout système et recherchant que la vérité.

J'ai déjà cité Cuvier et ses belles observations sur les animaux de l'ancienne Egypte.

J'ai examiné, dit-il, avec le plus grand soin, les figures d'animaux et d'oiseaux gravés sur les nombreux obélisques venus d'Egypte dans l'ancienne Rome. Toutes ces figures sont pour l'ensemble, qui seul a pu être l'objet de l'attention des artistes, d'une ressemblance parfaite avec les espèces telles que nous les voyons aujourd'hui...

Dejemos pues este libro para las *mentes abiertas*.

Nadie tendrá el espíritu fuera de nosotros y de nuestros amigos.

Para relajarnos un poco de tantas sutilezas inútiles, acudamos a algunos naturalistas, desinteresados en cualquier sistema y que tan solo buscan la verdad.

Ya he citado a Cuvier y sus bellas observaciones de los animales del antiguo Egipto.

He examinado, dijo, con el mayor cuidado, las figuras de animales y pájaros tallados en muchos obeliscos llegados de Egipto a la antigua Roma. Todas estas figuras son en su conjunto, que solo podría ser objeto de atención de los artistas, de un parecido perfecto con las especies que vemos hoy en día ...

« …On a eu soin de recueillir dans les tombeaux et dans les temples de la haute et de la basse Egypte le plus qu'on a pu de momies d'animaux. On a rapporté des chats, des ibis, des oiseaux de proie, des chiens, des singes, des crocodiles, etc., embaumés, et l'on n'aperçoit certainement pas plus de différence entre ces êtres et ceux que nous voyons, qu'entre les momies humaines et les squelettes d'hommes d'aujourd'hui. On pouvait en trouver entre les momies d'ibis et l'ibis tel que le décrivaient jusqu'à ce jour les naturalistes; mais j'ai levé tous les doutes dans un mémoire sur cet oiseau, où j'aî montré qu'il est encore maintenant le même que du temps des Pharaons. Je sais bien que je ne cite là que des individus de deux ou trois mille ans, mais c'est toujours remonter aussi loin que possible.» [72]

«.. Hemos puesto cuidado de recoger en las tumbas y en los templos del Alto y Bajo Egipto, la mayoría posible de momias de animales. Se ha informado sobre los gatos, ibis, aves de rapiña, perros, monos, cocodrilos, etc., embalsamados, y ciertamente no se ve ninguna diferencia entre aquellos seres y los que vemos hoy que entre las momias y los esqueletos humanos de los hombres de hoy. Se podía encontrar entre las momias de ibis y el ibis como se describe hasta ahora por los naturalistas, pero me he quitado todas las dudas en una memoria acerca de este ave, donde demuestro que ahora se trata del mismo animal que en el tiempo de los faraones. Sé que me refiero tan solo a los individuos de dos o tres mil años, pero eso es remontarse hacia atrás tanto cuanto es posible. »

---

[72] Discours sur les révolutions de la surface du globe.

Les momies d'Egypte sont des témoins aussi *authentiques qu'irréprochables* (selon la belle expression de Buffon à propos des *ossements fossiles*) de l'état où se trouvaient les animaux il y trois mille ans. Et de cet état si ancien, les animaux actuels ne diffèrent point. *L'élection naturelle* de M. Darwin n'y a rien changé.

Mais voici quelque chose d'un autre genre et peut-être encore plus curieux.

Rien n'est plus intéressant que le beau travail de M. Roulin sur les animaux transportés de l'Ancien continent dans le Nouveau, lors de la conquête de l'Amérique : le porc, le cheval, l'âne, la brebis, la chèvre, la vache, le chien et le chat.

Las momias de Egipto son los auténticos testigos tan *auténticos como irreprochables* (según la bella expresión de Buffon sobre los *huesos fósiles*) del estado en el que los animales se encontraban allí hace tres mil años. Y los animales actuales no difieren en nada de este estado tan antiguo. La *selección natural* del Sr. Darwin, nada ha cambiado.

Pero aquí hay algo de un tipo algo diferente y tal vez aún más curioso.

No hay nada más interesante que la hermosa obra de M. Roulin acerca de los animales transportados desde el Antiguo al Nuevo Continente, durante la conquista de América: el cerdo, el caballo, el burro, la oveja, la cabra, la vaca, el perro y el gato.

« Tous ces animaux ont plus ou moins quitté leur livrée de servage et repris leurs premiers vêtements de nature et de liberté. Errant tout le jour dans les bois, les porcs ont perdu presque toutes les marques de la servitude: les oreilles se sont redressées, la tête s'est élargie, relevée à la partie supérieure; la couleur est redevenue constante; elle est entièrement noire. Les jeunes individus, sur une robe un peu moins obscure, portent en lignes fauves la livrée comme les marcassins. » [73]

« Les chevaux, dit encore M. Roulin, sont presque entièrement abandonnés à eux-mêmes : on les rassemble seulement de temps en temps pour les empêcher de devenir tout à fait sauvages. Par suite de cette vie indépendante, un caractère appartenant à l'espèce non réduite, la constance de couleur, commence à se remontrer; le bai-châtain est non-seulement la couleur dominante, mais presque l'unique couleur. » [74]

« Todos estos animales han abandonado más o menos la librea de su esclavitud y han tomado sus primeras ropas de naturaleza y libertad. Errantes todo el día los bosques, los cerdos han perdido casi todas las marcas de su servidumbre : sus orejas se han recogido, la cabeza se ha agrandado, elevándose en la parte superior, el color es más constante, completamente negro. Los jóvenes en un vestido un poco menos oscuro, llevan en la librea a rayas de colores leonados como los lechones. »

« Los caballos, dice M. Roulin, son casi totalmente abandonados a sí mismos: se los junta sólo de vez en cuando para evitar que se vuelvan completamente salvajes. Como resultado de esta vida independiente, un caracter que pertenece a la especie silvestre, el color constante, empieza a resurgir, el marrón bayo no sólo es el color dominante, sino que casi es el único. »

---

[73] Recherches sur les changements observés dans les animaux doméstiques transportés dés l'ancient dans le nouveau continent. (Memoires de l'institut, t. VI, p 326)

[74] Ibid. p 336.

M. Roulin finit par cette observation génerale : « Les habitudes d'indépendance amenent aussi leurs changements qui paraissent tendre à faire remonter les espèces domestiques vers les espèces sauvages qui en sont la souche. » [75]

Et maintenant qu'est-ce que cet invincible penchant des espèces à remonter toujours vers leurs souches? Qu'est-ce que cette reversion toujours imminente, sinon le dernier et définitif indice de leur *fixité*?

Évidemment, elles tendent plutôt à se commencer elles-mêmes qu'à passer à d'autres. C'est tout juste le contraire de ce que pense M. Darwin.

Je finis, et c'est finir bien différemment de lui. Il conclut à la *mutabilité* et je conclus à la *fixité*. C'est qu'il suivait un système et que j'ai suivi les faits.

Le livre de M. Darwin est devenu l'objet d'un engouement général.

M. Roulin termina con esta observación general: « Los hábitos de independencia también traen sus cambios que parecen tender de nuevo a llevar a las especies domésticas en la dirección de las especies salvajes que se encuentran en su origen. »

Y ahora, ¿Qué es esta tendencia invencible que lleva a las especies para que vayan siempre a sus orígenes? Qué es esta reversión siempre inminente, si no la última pista y final prueba de su *fijeza*?

Obviamente, tienden más a recomenzarse así mismas que a transformarse en a otras. Esto es justo lo contrario de lo que el señor Darwin piensa.

Termino y de manera muy diferente a él. Él llega a la conclusión de la *mutabilidad* y yo concluyo en la *fijeza*. Es que él siguió un sistema mientras que yo he seguido los hechos.

El libro de Darwin se convirtió en objeto de un entusiasmo general.

---

[75] Ibid. p 352.

Déjà, depuis plusieurs années, le public était provoqué de ce côté-là. Lamarck avait commencé. Lamarck admettait sans difficulté, comme nous avons vu, que les espèces changent, qu'elles passent des inférieures aux supérieures, qu'elles sont dans un mouvement, et, pour parler comme M. Darwin, dans un *progrès* perpétuel.

A Lamarck succéda Geoffroy Saint-Hilaire: il n'était pas fait pour rasseoir les esprits ; la doctrine de la *mutabilité* ne fit que s'accroître de plus belle; on s'y habitua.

Enfin tourpage de M. Darwin a paru. On ne peut qu'être frappé du talent de l'auteur. Mais que d'idées obscures, que d'idées fausses ! Quel jargon métaphysique jeté mal à propos dans l'histoire naturelle, qui tombe dans le galimatias dès qu'elle sort des idées claires, des idées justes. Quel langage prétentieux et vide ! Quelles personnifications puériles et surannées! lucidité! solidité de l'esprit français, que devenez- vous?

Je laisse M. Darwin.

Je reviens à la question même de l' *Origine des espèces.*

Ya hace varios años que se lleva provocando al público por esta parte. Comenzó Lamarck. Lamarck había admitido sin dificultad, como hemos visto, que las especies cambian, pasan de las inferiores las superiores, que están en un movimiento, y para hablar como Mr. Darwin, en un progreso perpetuo.

A Lamarck le sucedió Geoffroy Saint-Hilaire. No era persona para acomodar espíritus, la doctrina de la mutabilidad creció con él más hermosa, y así nos acostumbramos a ella.

Finalmente, al volver la página apareció M. Darwin. Uno sólo puede estar impresionado por el talento del autor. Pero qué cantidad de ideas tan oscuras y tan erróneas! ¡Qué jerga metafísica arrojada fuera de lugar en la historia natural, la cual cae en el sinsentido desde el momento en el que deja de ocuparse de ideas claras, ideas justas. Qué idioma tan pretencioso y vacío! ¿Qué personificaciones infantiles y anticuadas! lucidez! fuerza del espíritu francés, ¿ en qué os habeis convertido?

Dejo al Sr. Darwin.

Vuelvo a la pregunta sobre el *Origen de las especies.*

Je l'ai déjà dit, pour les êtres organisés, il n'y a que deux origines possibles : la *génération spontanée* ou la main de Dieu.

La génération spontanée! mais comment l'admettre? Tout la repousse.

Ce n'est que dans les siècles de la plus affreuse ignorance qu'on a pu l'admettre pour les animaux supérieurs, pour l'homme. Aristote ne l'a jamais admise qu'à son corps défendant, même pour les animaux inférieurs, même pour les insectes.

Il reconnaît que la plupart des insectes : les araignées, les sauterelles, les criquets, les cigales, les scorpions, etc., naissent d'un œuf et viennent de parents de la même espèce. C'est qu'il avait étudié la génération de ceux-là. Pour les autres, l'observation lui manque, et ici ce n'est que par l'observation seule qu'on arrive à la vérité.

La question de la *génération spontanée* est une question expérimentale, et ce n'est que lorsque l'on a su faire des expériences que les tentatives, faites pour la résoudre, ont eu une valeur réelle.

Ya lo he dicho, para los seres organizados, sólo hay dos posibles orígenes: la *generación espontánea* o la mano de Dios.

¡La generación espontánea!, Más. ¿Cómo admitirla ? Todo la rechaza.

Sólo en los siglos de la más espantosa ignorancia se la pudo admitir para los animales superiores y para el hombre. Aristóteles nunca la permitió, sino a regañadientes, ni siquiera para los animales inferiores, ni para los insectos.

Reconoció él que la mayoría de los insectos: arañas, saltamontes, langostas, grillos, escorpiones, etc, nacen de un huevo y proceden de padres de la misma especie. Él había estudiado su generación. Para los otros grupos falta, y aquí es sólo por la mera observación como se llega a la verdad.

La cuestión de la *generación espontánea* es una cuestión experimental, y es sólo cuando uno ha sabido experimentar que los intentos para resolverlo, tienen un valor real.

Redi a commencé. Le xvii siècle n'a rien, en ce genre, de plus beau que les admirables expériences de Redi sur la génération des insectes. Personne n'ose dire, depuis Redi, que les insectes viennent de *génération spontanée* [76].

On le disait encore, il y a quelques années, des vers parasites : depuis M. Van Beneden, on ne le dit plus[77].

On le disait, il y a quelques jours à peine, des *infusoires* : depuis M. Balbiani on ne le dit plus[78].

On ne le dit plus du tout, et pour aucun animal, depuis M. Pasteur.

M. Pasteur a vidé la question. En effet, d'ou les animalcules, prétendu produit de la *génération spontanée* peuvent-ils venir? De l'air? mais, de l'air pur, on ne tire rien. Des liqueurs putrescibles qu'on y expose?

Redi ha empezado. El siglo XVII no hizo nada por el estilo, en éste género más hermoso que los admirables experimentos de Redi sobre la generación de los insectos. Nadie se atreve a decir, ya que Redi, los insectos provienen de la *generación espontánea*.

Todavía se decía, hace unos años, de los gusanos parasitarios: desde Van Beneden, no se dice más.

Se decía hace unos días, de los *infusorios*. Después de Balbiani ya que no se dice más.

No se dice nada más, y para ningún animal, desde Pasteur.

Pasteur ha vaciado la pregunta. En efecto, de dónde pueden venir los animálculos, pretendido producto de la *generación espontánea*? Del aire? pero del aire puro, no se saca nada. De los licores putrescibles a los que se expone?

---

[76] Esperienze in tomo alla generazione degli insecti, 1668.

[77] Du mode et du développement des vers intestinaux et de leur transmission d'un animal à l'autre. 1853.

[78] Mémoire sur lés phénomènes sexuels des infusoires. 1862.

mais (et c'est là l'expérience propre de M. Pasteur) M. Pasteur a prouvé « qu'il est toujours possible de prélever, en un lieu déterminé, un volume notable, mais limité, d'air ordinaire n'ayant subi aucune espèce de modification physique ou chimique, et tout à fait impropre néanmoins à provoquer une altération quelconque dans une liqueur éminemment putrescible. » [79]

Évidemment, ou il n'y a point de *génération spontanée*, ou il doit y avoir des animaux *générés* des animaux *produits*, partout où se trouvent à la fois de l'air et des liqueurs putrescibles.

La *génération spontanée* n'est donc pas.

Des deux *origines* que j'ai posées pour tout être organisé, il n'en reste donc qu'une: la main de Dieu, mais dès qu'on remonte à la main de Dieu, tout change.

pero (y esto es la propia experiencia Pasteur) Pasteur demostró que « siempre es posible tener en un lugar determinado, eun volumen significativo pero limitado de aire ordinario que no haya sufrido ningún tipo de modificación física o química, y sin embargo incapaz de causar cualquier alteración en un licor altamente putrescible. »

Obviamente, o bien no hay *generación espontánea*, o bien deben *generarse*, ser *producidos* animales, por todas partes en donde el aire y el licor putrescible se encuentran juntos.

La *generación espontánea*, por lo tanto no existe.

De los dos orignes expuestos para organizarlo todo, no nos queda más que uno : la mano de Dios, pero cuando remontamos a la mano de Dios, todo cambia.

---

[79] Comptes Rendus, t. LVII, p. 724.

Ce n'est plus une vaine nature, une nature *personnifiée*, et que chacun *personnifie* comme il lui plaît, que l'on a en face, mais un art, et un grand art. On passe des systèmes puérils des hommes à la réalité des choses; et, dès qu'on en est là, on voit bien vite ce que l'on sait, ce qu'on peut savoir, ce qu'on ignore: il n'y a plus d'illusion possible.

J'admire toujours la clairvoyance d'un des esprits les plus justes qu'il y ait eu, et des plus profonds même, quoique sous les formes les plus piquantes: de Voltaire.

« *Freind.* Et si je vous disais qu'il n'y a point de nature, et que dans nous, autour de nous, et a cent mille millions de lieues, tout est art sans aucune exception.

Birton. Comment! tout est art? en voici bien d'une autre.

Freind. Presque personne n'y prend garde ; cependant rien n'est plus vrai. Portez vos yeux sur vous-même; examinez avec quel art étonnant, et jamais assez connu, tout y est construit. Les secours dans le corps sont si artificieusement préparés de tous côtés, qu'il n'y a pas une seule veine qui n'ait ses valvules, ses écluses, pour ouvrir au sang ses passages: depuis la racine des cheveux jusqu'aux orteils des pieds, tout est art, tout est préparation, moyen et fin. » [80]

Ya no es una naturaleza vana, una naturaleza *personificada*, y que cada uno la *personifique* como le plazca, lo que tenemos en frente, sino un arte, y un arte fantástico. Pasamos de los sistemas pueriles de los hombres a la realidad de las cosas; y, tan pronto como nos encontramos ahí, se puede ver rápidamente lo que sabemos, lo que podemos saber, lo que ignoramos: no hay ilusión posible.

Siempre he admirado la visión de uno de los espíritus más justos que ha habido, y de los más profundos, aunque de forma más picante: Voltaire.

« *Freind.* Y si te dijera que no hay naturaleza, y en nosotros, a nuestro alrededor, y cien mil millones de leguas, todo es arte sin excepción.

Burton. ¡Cómo! ¿todo es arte? Esta sí que es buena.

Freind. Casi nadie se ocupa, sin embargo nada es más cierto. Pon tus ojos en ti mismo, y examina con qué arte tan maravilloso, y nunca suficientemente conocido, todo se construye. Los conductos en el cuerpo están tan ingeniosamente preparado por todos lados, que no hay una sola vena que no tenga sus válvulas, sus esclusas para abrir sus conductos sanguíneos: desde el nacimiento del pelo hasta los dedos de los pies, todo es arte, todo es preparación, medio y fin. »

---

[80] Histoire de Jenni, t. XXXIV, p. 388 (édition de Beuchot).

Un autre esprit, souverainement juste aussi, Cuvier, portait sur la nature le même coup d'œil vaste et sûr.

« *L'histoire naturelle*, dit-il, a un principe rationnel qui lui est particulier, et qu'elle emploie avec avantage en beaucoup d'occasions: c'est celui des *conditions d'existence*, vulgairement nommé des *causes finales*. Comme rien ne peut exister s'il ne réunit les conditions qui rendent son existence possible, les différentes parties de chaque être doivent être coordonnées de manière à rendre possible l'être total, non-seulement en lui-même, mais dans ses rapports avec ceux qui l'entourent; et l'analyse de ces conditions conduit souvent a des lois générales tout aussi démontrées que celles qui dérivent du calcul et de l'expérience. » [81]

C'est le principe des *conditions d'existence* qui a conduit Cuvier à la *reconstruction* de "Chutes les espèces fossiles, et qui nous a valu la *paléontologie.*

Or, quand on est venu là, quand on a pénétré aussi avant dans *l'organisation* des êtres vivants, peut-on s'amuser encore à quelque petit système, et s'imaginer que l'élection naturelle de M. Darwin suffit pour y rendre raison de tout?

Otro espíritu, soberanamente justo como Cuvier, puso en la naturaleza la misma mirada amplia y segura.

« La *historia natural,* dice, tiene un principio racional, que le es particular, y que emplea con ventaja en muchas ocasiones: se trata de las *condiciones de existencia*, comúnmente llamado de las causas finales. Puesto que nada puede existir si no cumple con las condiciones que hacen posible su existencia, las diferentes partes de cada ser debe estar coordinadas con el fin de hacer posible el ser total, no sólo en sí mismo, sino en sus relaciones con los que le rodean; y el análisis de estas condiciones a menudo conduce a leyes generales tan demostradas como lo son las derivadas del cálculo y la experimentación. »

Este es el principio de *las condiciones de vida* que llevaró a Cuvier a la *reconstrucción* de las especies fósiles, y que nos ha dado la *paleontología.*

Llegados a este punto, habiendo penetrado en la organización de los seres vivos, es entonces todavía posible divertirse con algún sistema pequeño, e imaginar que la selección natural del Sr. Darwin sea suficiente para ser dar razón de todo? [82]

---

[81] Le Régne animal, t. 1, p. 4.

[82] Los ejemplos extraidos de Voltaire y Cuvier le sirven a Flourens para defender la idea de Organización en la Naturaleza, incompatible con la selección natural.

IV Partie

DE LA VARIABILITÉ DANS L'ESPÈCE

(EXPÉRIENCES DE M. DECAISNE)

IV Parte

DE LA VARIABILIDAD EN LA ESPECIE

(EXPERIENCIAS DE M. DECAISNE)

D'où viennent les *races*? Des *variétés* de l'espèce, me dira-t-on. Oui, sans doute; mais qui s'en est assuré? Qui l'a vu? Qui a pris l'espèce, si je puis ainsi dire, en *flagrant délit* de variation?

« Les naturalistes, dit M. Decaisne, ont signalé un assez grand nombre de *variétés*, surtout dans les arbres fruitiers où elles étaient plus apparentes; mais on en chercherait vainement l'origine dans leurs écrits, et quoiqu'ils laissent vaguement supposer qu'elles sont ou peuvent être produit de la culture, aucun d'eux ne dit positivement que telle variété nouvelle est née de telle autre. » [83]

«On s'étonnera peut-être, ajoute M. Decaisne, qu'une telle question soit encore à résoudre, car si elle a de l'importance pour la pratique agricole, elle n'en a pas moins pour la science elle-même. »

M. Decaisne a raison: elle en a pour la science, et beaucoup.

Pour arriver donc à la résoudre scientifiquement, c'est-à-dire expérimentalement et d'une manière définitive, il a fait un nombreux semis de graines de poirier. Ces graines ont levé ; les arbres se sont développés; ils oui *fructifié* et, dès la première génération, leur *variabilité* s'est manifestée.

¿De dónde proceden las *razas*? De *variedades* de la especie, me dirán. Sí, sin duda, pero quién está seguro? Quién lo vio? ¿Quién a visto a la especie, si se me permite decirlo así, en *flagrante delito* de variación?

« Los naturalistas, dijo Decaisne, han señalado un gran número de *variedades*, sobre todo en árboles frutales, donde fueron más visibles ; pero buscamos en vano el origen de sus escritos, y aunque vagamente dejan suponer que sean o puedan ser producidos en cultivo, ninguno de ellos dice positivamente que esa nueva variedad haya nacido de tal otra. »

« Es quizás sorprendente, dice Decaisne, que el asunto siga sin resolverse, ya que si es importante para la práctica agrícola, no lo es menos para la ciencia misma. »

Sr. Decaisne tiene razón : La cuestión es importante para la ciencia, y mucho.

Así que para llegar a resolver científicamente, es decir, experimentalmente y de manera definitiva, sembró numerosas semillas de pera. Estas semillas se han desarrollado, los árboles crecieron, *fructificaron* y desde la primera generación, su *variabilidad* era evidente.

---

[83] Voyez le Compte Rendu des Séances de L'Académie t. LVII, p. 6.

Les quatre *variétés* que M. Decaisne avait choisies pour son expérience étaient des *variétés* bien déterminées.

Or, l'un de ces poiriers a donné quatre variétés nouvelles; le second en a donné neuf; le troisième en a donné trois et le quatrième six.

Et ce n'est pas seulement par le fruit que ces arbres diffèrent; ils diffèrent en tout: par la précocité, par le port, par la forme des feuilles. «Autant d'arbres, autant d'aspects différents: les uns sont épineux, les autres sont sans épines; ceux-ci ont le bois grêle, ceux-là l'ont gros et trapu. — Rien n'aurait été plus facile, dit M. Decaisne, que de faire de ces jeunes arbres presque autant d'espèces nouvelles, si l'on n'avait pas su d'où ils provenaient. »

Il n'est pas jusqu'à la sève qui ne varie dans le poirier: ce qui le prouve, c'est que plusieurs variétés ne reprennent que sur le poirier franc et ne reprennent pas sur le cognassier.

La *variabilité* en un mot, est inépuisable: c'est une infinité de nuances sur un fond commun; c'est une unité subsistante sous mille modifications diverses.

Faciès non omnibus una, Nec diversa tamen, qualem decet esse sororum.

Las cuatro *variedades* que Decaisne escogió para su experiencia eran *variedades* bien definidas.

Sin embargo, uno de estos perales dio cuatro nuevas variedades, el segundo dio nueve ; el tercero, tres y el cuarto seis.

Y no sólo es que el fruto de los árboles fuese diferente, los árboles se diferenciaban también en todo: por su precocidad, el porte, la forma de las hojas. «Tantos árboles, tantos aspectos diferentes: unos son espinosos, otros son sin espinas ; estos tienen la madera blanda, los otros la tienen grande y fornida. -Nada habría sido más fácil, dice Decaisne que hacer de estos árboles jóvenes casi tantas especies nuevas, si no hubiéramos sabido de donde procedían. »

Ni siquiera la savia deja de variar en el peral: la prueba es que algunas variedades no rebrotan más que en el peral franco y no en el membrillo.

La *variabilidad* en una palabra, es inagotable : es una infinidad de matices sobre un fondo común, es una unidad que permanece bajo un millar de diferentes cambios.

Faciès non omnibus una, Nec diversa tamen, qualem decet esse sororum. [84]

---

[84] Pasaje de las Metamorfosis de Ovidio : « no todas con la misma cara, aunque, sin embargo, no diferente, como corresponde a quienes son hermanas".

«On connaît déjà, dit M. Decaîsne, les étonnantes transformations qui ont été récemment observées au Muséum, dans certains groupes de végétaux. Les faits que je signale sont de même ordre, et conduisent à des conclusions semblables, qui sont, d'une part, l'apparition contemporaine de races nouvelles, et en définitive l'unité spécifique de toutes les races et variétés d'une même espèce. Je regarde, dît M. Naudin, toutes ces faibles espèces, énumérées sous le nom de races et de variétés comme des formes dérivées d'un premier type spécifique, et ayant par conséquent une origine commune. Je vais plus loin : les espèces, même les mieux caractérisées, sont, pour moi, autant de formes secondaires, relativement à un type plus ancien qui les contenait toutes virtuellement, comme elles-mêmes contiennent toutes les variétés auxquelles elles donnent naissance sous nos yeux, lorsque nous les soumettons à la culture. »

Buffon avait eu une vue à peu près semblable et s'y complaisait. Il tirait tous les animaux quadrupèdes d'un petit nombre de familles, ou souches principales. « En comparant, dit-il, tous les animaux et les rapelant chacun à leur genre, nous trouverons que les deux cents espèces de quadrupèdes qui nous sont connues peuvent se réduire à un petit nombre de familles ou souches, desquelles il n'est pas impossible que toutes les autres soient issues. » [85]

«Conocemos ya, dice Decaisne, las sorprendentes transformaciones observadas recientemente en el Museo, en ciertos grupos de plantas. Los hechos que señalo son del mismo orden y conducen a conclusiones similares, que son, por un lado, la aparición contemporánea de nuevas razas y en última instancia, la unidad específica de todas las razas y variedades de una misma especie. Miro, dijo Naudin, todas estas especies pequeñas, agrupados bajo el nombre de razas y variedades como formas derivadas de un primer tipo específico, y que, por lo tanto tienen un origen común. Voy más allá: las especies, incluso las mejor caracterizadas son, para mí, tantas formas secundarias, en relación con un tipo más antiguo que contenía virtualmente a todas ellas tal y como ellas mismas contienen a todas las variedades a las que dan a luz ante nuestros ojos cuando las sometemos al cultivo. »

Buffon tuvo una visión algo similar y se complacía en ella. Agrupó a todos los animales cuadrúpedos en un pequeño número de familias, o cepas principales. «Comparando, dijo, todos los animales y llevando cada uno a su género, encontramos que las doscientas especies de cuadrúpedos conocidas pueden reducirse a un pequeño número de familias o cepas, de las cuales no es imposible que todos los demás se deriven. »

---

[85] Voyez le chapitre sur la Dégénération des animaux.

Il réduit donc tous les quadrupèdes quinze genres ou familles. Ces genres sont celui des *solipèdes*: le cheval, le zèbre, l'âne, etc. ; celui des *grands pieds-fourchus* a cornes creuses, le bœuf, le buffle, etc. ; celui des *petits pieds-fourchus* à cornes creuses, les brebis, les chèvres, etc.; celui des *pieds-fourchus* à cornes pleines, l'élan, le renne, le cerf, le daim, l'axis, le chevreuil, etc.

Il est inutile d'aller plus loin : Buffon passe ainsi en revue ces quinze genres ou familles et cela posé, il fait naître, dans chaque genre, d'un seul animal donné tous les autres animaux du genre : du cheval ou de l'âne, pai exemple tous les solipèdes ; du bœuf ou du buffle, tous les grands pieds-fourchus ; de la chèvre ou de la brebis, tous les petits pieds-fourchus; etc.

Tout cela, à le prendre rigoureusement, n'est évidemment que pure conjecture. Nous étudions ce qui est, et nous ne savons point ce qui a été dans des temps plus ou moins anciens, temps que chacun se figure, d'ailleurs, comme il lui plaît. Assurément l'âne ne vient pas plus du cheval que le bœuf du buffle. Mais que Buffon était devenu grand zoologiste, j'entends zoologiste classificateur!

Redujo todos los cuadrúpedos a quince géneros o familias. Estos géneros son el de los *solípedos*: caballo, cebra, burro, etc. ; el de los *ungulados grandes* de cuernos huecos, buey, búfalo, etc. ; el de los *ungulados pequeños* de cuernos huecos, ovejas, cabras, etc. ; los *ungulados* de cuernos rellanos, alces, renos, ciervos, gamos, el eje, corzos, etc .

No es necesario ir más allá: Buffon pasa revista a estos quince géneros o familias, y una vez planteado esto, en cada género, a partir de un animal dado, hace nacer a todos los otros animales, tales como: del caballo o del burro todos los solípedos ; del buey o del búfalo, todos los *ungulados grandes*, de la cabra o de la oveja, todos los *ungulados pequeños*, etc.

Todo esto, tomándolo rigurosamente, no es obviamente sino pura conjetura. Estudiamos lo que es, y no sabemos lo que fue en otros tiempos más o menos antiguos, el tiempo que cada uno se figura, por otra parte, como le plazca. Seguramente no viene más el burro del caballo que el buey del búfalo. Pero Buffon fue un gran zoólogo, quiero decir zoólogo clasificador!

On se rappelle tout le mal qu'il avait commencé par dire des méthodes; mais ici quel sentiment des vrais rapports dans la constitution savante de ces genres! Cuvier, guidé par toutes les lumières de l'anatomie comparée, n'eût pas mieux fait. C'est la méthode naturelle dans toute sa pureté et toute sa grandeur; et qu'il y a loin de Buffon, naturaliste si consommé au moment où il finit son livre, à Buffon commençant son livre ne sachant pas un mot d'histoire naturelle. Alors il se moque de Linné, il ne veut d'autre ordre, pour classer les animaux, que celui qui résulte des rapports *d'utilité* ou de *familiarité* qu'ils ont avec nous, « et cela, dit-il parce qu'il nous est plus facile, plus agréable et plus utile de considérer les choses par rapport à nous, que sous un autre point de vue. »

Il range donc les animaux, selon qu'ils sont plus *utiles* ou plus *familiers* : le cheval, le bœuf, le chien, le cochon, la chèvre, etc. Il poursuit son œuvre; et arrivé aux singes, il les distribue en ordres, en familles, en genres, comme le meilleur et le plus exercé classificateur. Enfin, il vient à ce beau chapitre sur la *Dégénération des animaux* par lequel il termine son *Histoire des quadrupèdes*; et c'est là qu'il nous étonne par le sentiment profond des *raports naturels*, sentiment auquel l'avaient conduit l'habitude de voir et son esprit éminemment perfectible.

Nos acordamos de todo el mal que había comenzado diciendo de los métodos, pero aquí cuán grande es el sentimiento de las verdaderas relaciones en la sabia constitución de estos géneros! Cuvier, guiado por todas las luces de la anatomía comparada, no lo había hecho mejor. Este es el método natural en toda su pureza y toda su grandeza y qué lejos de Buffon, naturalista consumado en el momento en que termina su libro, se encuentra aquel Buffon que comienza su libro sin saber una palabra de Historia Natural. Entonces él se burla de Linneo, no quiere otro orden para clasificar a los animales que el que resulta de sus relaciones de *familiaridad* o la *utilidad* de la que tienen con nosotros, « y esto, dice porque es más fácil, más agradable y más útil pensar en las cosas en relación a nosotros, que desde otro punto de vista. »

Así ordena a los animales, según sean más *útiles* o *familiares*: el caballo, el buey, el perro, el cerdo, la cabra, etc. Continuó su trabajo y llegó a los monos, que distribuye en órdenes, familias, géneros, como el mejor y más experimentado clasificador. Por último, llegamos a este hermoso capítulo sobre la *degeneración de los animales* con el que termina su *Historia de los cuadrúpedos*, y aquí es donde nos sorprende por el profundo sentimiento sobre las *relaciones naturales*, sentimiento a que le había llevado el hábito de ver y su espíritu eminentemente perfectible.

Mais il ne devait pas s'arrêter là. Longtemps après son *Histoire des quadrupèdes*, et l'époque où il écrivait son *Supplément*, il vient sur la *parenté* des animaux, et là il avoue que cette parenté tient à des rapports plus mystérieux et d'un ordre plus délicat que ceux qu'il avait supposés d'abord.

« La parenté des espèces, dit-il, est un des mystères profonds de la nature que l'homme ne pourra sonder qu'à force d'expériences aussi réitérées que longues et difficiles. Comment pourra-t-on reconnaître autrement que par l'union mille et mille fois tentée des animaux d'espèce différente leur degré de parenté? L'âne est-il plus près du cheval que du zèbre ? Le loup est-il plus près du chien que du renard et le chacal ? »

Mes expériences répondent déjà à la dernière de ces questions. Le loup et le chacal sont plus près du chien que le renard; car l'union du loup et du chacal avec le chien est toujours féconde et celle de ce même chien avec le renard est toujours stérile. Il y a donc entre le chacal, le loup et le chien un degré de *consanguinité*, un lien de sang plus intime qu'entre ces trois animaux et le renard. De plus, la *parenté*, la *consanguinité* est plus étroite avec le chacal et le chien qu'entre le loup et le chien, puisque le *métis* nés de l'union du loup et du chien ne donnent que trois générations successives et que les métis nés du chien et du chacal en donnent jusqu'à quatre.

Pero no iba a detenerse ahí. Mucho después de su *Historia de los cuadrúpedos*, y de la época cuando escribió su *Suplemento*, se cuestionó sobre el *parentesco* de los animales, para confesar que esta relación de *parentesco* lleva a relaciones más misteriosas y de un orden más delicado que lo que había supuesto en primer lugar.

« El *parentesco* entre especies es uno de los misterios profundos de la naturaleza que el hombre no puede penetrar más que a fuerza de experiencias tan repetidas como largas y difíciles. ¿Cómo vamos a reconocer de otra manera el grado de parentesco entre animales de especies diferentes si no por la unión intentada mil y mil veces? ¿ Está el burro más cerca del caballo que de la cebra ? Está más cerca el lobo del perro que del zorro y el chacal? »

Mis experiencias ya están respondiendo a la última pregunta. El lobo y el chacal se acercan más al perro que el zorro; porque la unión del lobo y el chacal con el perro siempre es fructífera y la del mismo perro con el zorro es siempre estéril. Así que hay entre el chacal, el lobo y el perro un grado de *consanguinidad*, lazos de sangre más íntimos que entre estos tres animales y el zorro. Además, el *parentesco*, la *consanguinidad* es más estrecha entre el chacal y el perro que entre el lobo y el perro, ya que los *mestizos* nacidos de la unión de lobo y el perro duran tres generaciones sucesivas y los mestizos nacidos de perro y chacal duran hasta cuatro.

Je reviens à M. Naudin, et je laisse, de son travail, tout ce qui ne tient pas uniquement à l'expérience. La méthode expérimentale est inexorable pour les conjectures. Le mérite le plus particulier, et, si je puis ainsi dire, le plus original, de MM. Decaisne et Naudin est de n'avoir laissé de place, dans leurs travaux, que pour les faits.

Vuelvo a M. Naudin, y dejo de su trabajo todo lo que no es únicamente experiencia. El método experimental es inexorable para las conjeturas. El mérito más particular y, si se me permite decirlo, el más original, de MM. Decaisne y Naudin, consiste en no haber dejado lugar en sus trabajos más que a los hechos.

De tels travaux sont inappréciables. Ici, rien de supposé, rien d'omis. « Ne rien supposer et ne rien omettre, a dit un grand philosophe de nos jours[86], c'est toute la méthode. » Qu'est-ce que l'espèce? Que sont les *races*? Que sont les *hybrides*? J'ose dire qu'avant MM. Naudin et Decaisne, on n'avait, sur ces graves questions, aucune idée arrêtée. Sans doute, au fond de ces graves questions, il y a et il y aura toujours un profond mystère. Pourquoi l'espèce est-elle *fixe* ? Pourquoi, étant, comme elle l'est *variable* à l'infini, ne varie-t-elle jamais assez pour changer de nature, pour changer d'espèce, pour passer d'une espèce à une autre espèce? Pourquoi y a-t-il entre les différentes espèces une ligne de démarcation éternelle et infranchissable? Un homme d'infiniment d'esprit[87] a dit qu'il n'y fallait pas demander pourquoi une chose est ainsi, lorsque, si elle était autrement, on pourrait faire la même question.

Tales trabajos son inapreciables. Aquí, nada hay de supuesto, nada omitido. « No asumir nada y no omitir nada, dijo un gran filósofo de nuestro tiempo, en eso consiste todo el método. » ¿Qué es la especie? ¿Qué son las *razas*? ¿Qué son los *híbridos*? Me atrevo a decir que antes de MM. Naudin y Decaisne no teníamos sobre estos graves asuntos, ni idea. Sin duda, en el fondo de estas graves cuestiones siempre habrá un misterio profundo. ¿Por qué la especie es *fija*? Por qué siendo, como es, infinitamente *variable*, jamás varía lo suficiente como para cambiar su naturaleza, para cambiar de especie, para pasar de una especie a otra especie? ¿Por qué hay entre las diferentes especies de una línea de separación infranqueable y eterna? Un hombre de ingenio infinito[88] dijo que no deberíamos preguntar por qué una cosa es así, mientras que, si fuera de otro modo, podríamos plantear la misma cuestión.

---

[86] M. Cousin.

[87] Saint Augustin: *Nec in ea re debet esse quaestio, ubi quidquid esset quaestio esset.*

[88] San Augustin: *Nec in ea re debet esse quaestio, ubi quidquid esset quaestio esset.* "No hay que hacer problema en cuestiones en las que cualquier cosa constituiría un problema" en traducción de Emiliano Fernández Vallina.

Je reviens à MM. Decaisne et Naudin et leurs expériences.

Le temps des Jussieu a été, pour le Jardin des Plantes, un temps de gloire : ils ont donné la méthode aux naturalistes.

Aujourd'hui, le temps est venu des expériences, j'entends des grandes expériences et qui touchent aux questions vitales et fondamentales de la science: MM. Decaisne et Naudin commencent.

Vuelvo a MM. Decaisne y Naudin y sus experiencias.

El tiempo de los Jussieu fue para el Jardin des Plantes, un momento de gloria : ellos dieron el método a los naturalistas.

Hoy ha llegado el momento de los experimentos, entiendo que de grandes experimentos que afecten a las cuestiones vitales y fundamentales de la ciencia: MM. Decaisne y Naudin comenzaron.

V Partie

DE L'HYBRIDATION DANS LES VÉGÉTAUX

(EXPÉRIENCES DE M. NAUDIN)

V Parte

DE LA HIBRIDACIÓN EN LOS VEGETALES
(EXPERIMENTOS DE M. NAUDIN)

Le plus grand fait de l'histoire naturelle est celui de la *fixité des espèces*. Si l'espèce changeait, l'*hybridation* serait assurément le moyen le plus direct et le plus efficace d'opérer ce changement. Point du tout, *l'hybridation* est le moyen qui met le plus complètement dans son jour la, *fixité de l'espèce*.

De tous les travaux qui ont été faits sur *l'hybridation* des végétaux, aucun n'a jamais été fait avec plus de soin, et surtout avec plus de persévérance que celui de M. Naudin; et comme on va le voir, la pérséverance devait jouer ici un grand rôle. M. Naudin, aide-naturaliste au Museum d'Histoire Naturelle, étudie les hybrides des végétaux depuis huit ans. Il suit dépuis huit ans les générations succesives de ceux des *hybrides* qui sont fértiles. Cette continuité d'observation lui a permis de voir ce que nul autre observateur avair vu avant lui : le retour naturel et spontanée après un certain nombre de générations, des hybrides au type primitif de l'une ou l'autre des deux espèces productrices. Si les hybrides se perpétuaient indefiniment, les hybrides formeraient des espèces, autant d'espèces nouvelles qu'il se produirait d' hybrides.

El más grande hecho en la historia natural es la fijeza de las especies. Si las especies cambiasen, la *hibridación* sería sin duda la forma más directa y más eficaz para realizar este cambio. Pero no, en absoluto, la *hibridación* es el medio que pone más a la luz del día la fijeza de las especies.

De todo el trabajo hecho sobre la *hibridación* de plantas, ninguno ha sido más cuidado, y sobre todo con más perseverancia que el de Naudin ; y como veremos más adelante, la perseverancia debió desempeñar aquí un papel importante. M. Naudin, naturalista asistente en el Museo de Historia Natural, estudia las plantas híbridas durante ocho años. Sigue hace a ocho años las generaciones sucesivas deaquellos híbridos que son fértiles. Esta continuidad en la observación le ha permitido ver lo que ningún otro observador había visto antes: el regreso natural y espontáneo después de una serie de generaciones, de los híbridos al primitivo de una u otra de las dos especies productoras. Si los híbridos se perpetuasen indefinidamente, formarían especies, tantas especies nuevas como híbridos se producen.

Il n'en est rien. A partir de la seconde génération, dit M. Naudin, la physiognomie des hybrides se modifie de la manière la plus remarquable. Dans bien des cas, « à l'uniformité si parfaite de la première génération succède une bigarrure de formes, les unes se rapprochant du type spécifique du père, les autres de celui de la mère, quelques-unes rentrant subitement et entièrement dans l'un ou dans l'autre. D'autres fois, cet acheminement vers les types producteurs se fait par degrés et lentement, et quelquefois on voit toute la collection des hybrides incliner du même côté. C'est qu'effectivement c'est à la seconde génération que, dans la grande majorité des cas (et peut-être dans tous), commence cette dissolution de formes hybrides, entrevue déjà par beaucoup d'observateurs, mise en doute par d'autrès, et qui me paraît aujourd'hui hors de « toute contestation. [89]».

No hay nada de esto. A partir de la segunda generación, dice M. Naudin, la fisonomía de los híbridos se modifica de la manera más notable. En muchos casos, « a la uniformidad tan perfecta de la primera generación sigue una mezcla de formas, algunas acercándose al tipo específico del padre y otras al de la madre, algunas revierten de repente y por completo en uno o en el otro. En otras ocasiones, este encaminamiento hacia los tipos productores se hace gradual y lentamente, y a veces vemos a toda la colección de híbridos inclinándose al mismo lado. De hecho, es en la segunda generación que, en la gran mayoría de los casos (y quizás en todos), se inicia la disolución de las formas híbridas, entrevista ya por muchos observadores, puesta en duda por otros, y que me parece ahora más allá de toda cuestión. »

---

[89] Mémoire manuscrit couronné par l'Académie, p. 188.

M. Naudin continue : « Le retour des hybrides aux formes des espèces parentes n'est pas toujours aussi brusque que celui que nous avons observé dans les primevères, les pétunias, le linaria purpureo-vulgaris, etc. Souvent il se fait par gradations insensibles, et exige, pour être complet, une série peut-être assez longue de générations. [90] »

Mais enfin, quelques hybrides font - ils exception à la loi commune du retour aux formes de leurs ascendants? se fixent-ils et donnent-ils lieu à des espèces nouvelles?

« Ce que je puis affirmer, dit M. Naudin, c'est qu'aucun des hybrides que j'ai obtenus n'a manifesté la moindre tendance à faire souche d'espèce... Ce qui est démontré ici, c'est qu'au moins dans les troisième, quatrième et cinquième générations, les formes des hybrides n'ont rien de fixe et qu'elles se modifient d'une génération à l'autre, dans le sens des types spécifiques qui les ont produits. [91] »

Continúa Naudin: « El regreso de las formas híbridas a las formas parentales no siempre es tan fuerte como lo hemos visto en las prímulas, petunias, la Linaria purpureo-vulgaris, etc. A menudo se hace por gradaciones insensibles, y requiere que se complete una serie quizás bastante larga de generaciones. »

Pero enfin, ¿habrá algunos híbridos que sean la excepción a la ley común de retorno a las formas de sus antepasados? ¿Se establecerán ellos mismos dando origen a nuevas especies?

« Lo que puedo decir, dice Naudin, es que ninguno de los híbridos que obtuve mostró tendencia alguna a hacer cepa de especies ... Lo que se ha demostrado aquí es que al menos en las generaciones tercera, cuarta y quinta, las formas híbridas no tienen nada fijo y cambian de una generación a la otra, en el sentido de uno de lostipos específicos que las produjeron. »

---

[90] Mémoire manuscrit, p. 197.

[91] Mémoire manuscrit, p. 201.

Kœlreuter, le premier qui, en portant le *pollen* d'une espèce sur le *pistil* d'une autre espèce, ait produit artificiellement des *hybrides* dans les végétaux, et qui, par là, ait mis hors de doute la grande découverte des *sexes* des plantes, et tout ce qui s'ensuit: leur fécondation, leur ovulation, etc.; Kœlreuter partageait en deux classes tous les *hybrides*: les uns d'une stérilité absolue, les autres d'une stérilité partielle: les uns stériles tout à la fois par les étamines totalement dénuées de pollen, et par l'ovaire, puisqu'ils ne peuvent être fécondés par le pollen de leurs ascendants, les autres stériles seulement par le pollen ou seulement par l'ovaire. Ces deux classes *d'hybrides*, proposées par Kœlreuter, sont aujourd'hui pleinement établies et confirmées.

Mais ce que Kœlreuter n'avait pas vu, et ce que démontre complètement le beau travail de M. Naudin, c'est que, s'il y a des *hybrides* absolument ou imparfaitement stériles, il y en a aussi, et peut-être en plus grand nombre, qui sont fertiles. On peut les diviser encore en deux classes: les uns qui le sont par l'ovaire seulement, les autres qui le sont à la fois par l'ovaire et par le pollen; les uns qui sont fertiles par eux-mêmes, les autres qui ne le sont que par le pollen de leurs ascendants.

Kœlreuter, el primero que, llevando el *polen* de una especie a el pistilo de otra especie, haya producido artificialmente plantas *híbridas*, y que, por lo tanto, ha puesto fuera de duda el gran descubrimiento de los *sexos* de las plantas y todo lo que sigue: su fertilización, su ovulación, etc; Kœlreuter divide en dos clases a todos los *híbridos*: unos de esterilidad absoluta, los otros de una esterilidad parcial: algunos estériles al mismo tiempo por estar sus estambres totalmente desprovisto de polen, y por el ovario, ya que no pueden ser fecundados por el polen de sus padres, otros estériles sólo por el polen o sólo por el ovario. Estas dos clases de *híbridos* propuesto por Kœlreuter están ahora plenamente establecidas y confirmadas.

Pero lo que Kœlreuter no había visto, y que muestra completamente el hermoso trabajo de M. Naudin, es que si hay *híbridos* absolutamente o imperfectamente estériles, existen también otros, y tal vez muchos, que son fértiles. Se pueden dividir en dos clases: los que lo son por el ovario sólamente, y los que son a la vez por el ovario y el polen; los primeros son fértiles por sí mismos, los otros lo son sólo por el polen de sus parentales.

Au reste, la fertilité des *hybrides* par le pollen est de tous les degrés. On trouve des *hybrides*, depuis le cas extrême où l'hybride n'est fertile que par l'ovaire, jusqu'à celui où tout son pollen est aussi parfait que celui des espèces les mieux établies.

Je ne puis suivre ici M. Naudin dans les détails, et je le regrette, car ici chaque détail a sa signification propre. Cela nous mènerait trop loin. Jamais expériences ne furent mieux conduites, jamais relation d'expériences n'a été présentée avec plus d'ordre, plus de méthode, plus de vraie philosophie, jamais surtout on n'a fait mieux sentir cette grande vérité: qu'une plante *hybride* est un individu où se trouvent réunies, par un mélange artificiel, deux natures, «qui se contrarient mutuellement et «sont sans cesse en lutte pour se dégager l'une de l'autre. [92]»

Por otra parte, la fertilidad de los *híbridos* por el polen es de todos los grados. Se encuentran *híbridos*, desde el caso extremo en que el híbrido es fértil sólo por el ovario, hasta aquel en el que todo su polen es tan perfecto como el de las especies mejor establecidas.

No puedo seguir a Naudin aquí en detalle, y lo siento, porque aquí cada detalle tiene su propio significado. Eso nos llevaría demasiado lejos. Nunca jamás fueron los experimentos mejor realizados, nunca una relación de las experiencias se presentó con más orden, más método, la filosofía más verdadera, sobre todo nunca se ha hecho sentir mejor esta gran verdad: que la planta *híbrida* es un individuo en donde se encuentran reunidas, en una mezcla artificial, dos naturalezas, «que se oponen entre sí y están constantemente luchando para separarse la una de la otra. »

---

[92] Mémoire manuscrit, p. 190.

Et maintenant, que résulte-t-il de tout cela par rapport à *l'espèce*? Que l'espèce est essentielle, qu'elle est fixe, et que les *hybrides* eux-mêmes, mélange imparfait de deux natures diverses, tendent sans cesse à se démêler et à revenir, par un retour forcé, à une nature propre et exclusive. Des lois secrètes, primitives, fatales, conservent donc les espèces, en empêchent la multiplication, et les maintiennent éternellement distinctes.

Cette distinction éternelle des espèces est, à la fois, la plus grande merveille et le plus grand mystère de la nature.

Chaque espèce a sa *finalité*, comme dit M. Naudin.

L'espèce, qui ne varie pas, varie pourtant assez pour produire des races. Comment cela?

« Une expérience, plus que vingt fois séculaire, dit M. Naudin, a établi ce fait d'une extrême importance, que les végétaux, assujettis à la culture, se modifient de diverses manières et donnent naissance à des formes nouvelles, qui acquièrent, à la longue, soit par sélection artificielle, soit naturellement, une certaine stabilité, et se reproduisent même assez souvent avec la même fidélité que les types spécifiques originels. [93]»

Y ahora, ¿ qué resulta de todo esto en relación a la *especie*? Que la especie es esencial, que es fija, y que los mismos *híbridos*, mezcla imperfecta de dos tipos diferentes, tienden constantemente a desintegrarse y regresar por un retorno forzado a una naturaleza limpia y exclusivo. Leyes secretas, primitivas, fatales, conservan las especies, impiden la multiplicación y las mantienen por siempre separadas.

Esta distincion eterna de las especies es, al mismo tiempo, la mayor maravilla y el misterio más grande de la naturaleza.

Cada especie tiene su *finalidad*, como dice M. Naudin.

La especie, que no varía, sin embargo varía lo suficiente como para producir razas. ¿Cómo es eso?

« Una experiencia de más de veinte siglos de antigüedad, dijo Naudin, ha establecido el hecho de la mayor importancia que las plantas en cultivo, se modifican de maneras diferentes y dan lugar a nuevas formas, que adquieren con el tiempo, ya sea por selección artificial, ya sea naturalmente una cierta estabilidad, y se reproducen incluso muy a menudo con la misma fidelidad que los tipos específicos originales. »

---

[93] Mémoire manuscrit, p. 216.

« Il ne saurait donc y avoir de doute, dit encore M. Naudin, sur la propriété inhérente aux espèces naturelles de se subdiviser en formes secondaires, lesquelles acquièrent avec le temps, lorsqu'elles sont préservées de tout croisement avec les autres espèces, toute la stabilité de caractères des espèces les plus anciennés.» [94]

D'accord, mais c'est ici que commence, avec M. Naudin, la difficulté.

« Je regarde, dit - il, toutes ces faibles espèces énumérées sous le nom de races et de variétés comme des formes dérivées d'un premier type spécifique, et ayant, par conséquent, une origine commune. Je vais plus loin : les espèces elles-mêmes les mieux caractérisées sont, pour moi, o autant de formes secondaires relativement à un type plus ancien qui les contenait toutes virtuellement, comme elles-mêmes contiennent toutes les variétés auxquelles elles donnent naissance sous nos yeux, lorsque nous les soumettons à la culture.» [95]

« Por tanto, no cabe duda, dice M. Naudin, sobre la propiedad inherente de las especies naturales naturales de subdividirse en formas secundarias, que adquieren con el tiempo, mientras que se mantienen preservadas del cruce con otras especies, toda la estabilidad de los caracteres de las especies más antiguas. »

Está bien, pero comienza aquí con el Sr. Naudin dificultad.

« Espero dice - no, todas estas pequeñas especies listadas bajo el nombre de razas y variedades como formas derivadas de un tipo específico por primera vez y que tiene, por lo tanto, un origen común. Voy más allá: las propias especies son el mejor caracterizado, para mí, donde muchas formas secundarias con respecto a un tipo más antiguo que contenía prácticamente todo como ellos mismos contienen todas las variedades a las que dan a luz antes de los ojos cuando nos sometemos a la cultura. »

---

[94] Mémoire manuscrit, p. 217.

[95] Mémoire manuscrit, p. 218.

« Au fond, dit-il enfin, il n'y a ici que deux systèmes possibles: ou les espèces ont été créées primordialement, telles qu'elles sont aujourd'hui, sans autre parente qu'une parenté métaphorique; ou bien elles se tiennent par un lien d'origine, sont réellement parentes les unes avec les autres et descendent d'ancêtres communs.» [96]

Évidemment, les choses n'ont pu se passer que de l'une ou de l'autre de ces deux façons. Mais de laquelle? C'est là toute la question.

En d'autres termes, et à parler tout simplement, les *espèces* sont-elles *parentes*, ou ne le sont-elles pas?

Je l'ai déjà dit et je le répète: on ne juge de la *parenté* que par la *fécondité*. — Toutes les variétés' d'une même espèce sont fécondes entre elles d'une *fécondité continue*; les *espèces* d'un même *genre* n'ont entre elles qu'une *fécondité bornée*.

Et quant à la *stabilité* propre de telle ou telle *variété* (car, pour les *espèces*, la *stabilité* est toujours absolue), comment la déterminer autrement que par l'expérience? Depuis que nous avons l'art des expériences, nous ne nous arrêtons plus à des conjectures.

"En el fondo, dijo por último, aquí sólo hay dos posibles sistemas : o las especies fueron creadas primordialmente, tal y como hoy son, sin otro parentesco que el metafórico ; o bien tienen vínculos de origen, en realidad son parientes entre sí y descienden de antepasados comunes. »

Obviamente, las cosas no han podido suceder más que de una o la otra de estas dos formas. Pero, ¿de cuál de ellas? Esa es la pregunta.

En otras palabras, y para decirlo simplemente, son las *especies parientes*, ¿sí o no?

Lo he dicho antes y lo repito : no se considera el *parentesco* más que por la *fertilidad*. - Todas las variedades de la misma especie son *fértiles* entre sí con una *fertilidad continua*, las *especies* del mismo *género* no tienen entre ellas más que una fertilidad limitada.

Y sobre la *estabilidad* inherente de una *variedad* dada (como para las *especies*, la estabilidad es siempre absoluta), ¿cómo determinarla de otro modo que por la experiencia? Desde que tenemos el arte de las experiencias, no nos detenemos a especular más.

---

[96] Mémoire manuscrit, p. 218.

VI Partie

DE L'HYBRIDATION DANS LES ANIMAUX
(MES EXPÉRIENCES)

VI Parte

DE LA HIBRIDACIÓN EN LOS ANIMALES
(MIS EXPERIMENTOS)

Buffon avait déjà vu des *métis* de chien et de loup; et, sous la surveillance de M. Frédéric Cuvier, notre Ménagerie en a eu souvent.

On n'en peut pas dire autant des *métis* de chacal et de chien. Je crois être le premier qui les ait fait connaître.

En 1845, j'obtins, de l'union de l'espèce du chien avec l'espèce du chacal, trois *métis*.

Ces trois *métis*, élevés au milieu de petits chiens de leur âge, en différaient d'abord par des allures brusques, farouches. C'étaient trois sauvages élevés au milieu d'un peuple civilisé.

D'un autre côté, leur première dentition a marché beaucoup plus vite que celle des petits chiens.

Mais ce qui les distinguait surtout de ces petits chiens, c'est qu'ils avaient les deux poils de tout animal sauvage : le poil soyeux et le poil laineux, tandis que les petits chiens n'avaient qu'un poil : le poil soyeux.

Buffon avait déjà constaté que le renard ne s'accouple point avec la chienne. Mes expériences ont confirmé celles de Buffon. Jamais le renard n'a voulu s'accoupler avec la chienne, ni le chien avec la renarde. Je suis même convaincu que leur accouplement, s'il a jamais lieu, sera sans effet.

Buffon ya había visto *mestizos* de perro y lobo; y, bajo la supervisión del Sr. Frédéric Cuvier, nuestra colección de animales salvajes los ha producido a menudo.

No se puede decir lo mismo de los *mestizos* de chacal y perro. Creo que soy el primero que los ha dado a conocer.

En 1845, obtuve de la unión de la especie perro con la especie chacal, tres *mestizos*.

Estos tres *mestizos*, criados entre perros pequeños su edad, difieren de ellos principalmente por su mirada penetrante y feroz. Eran tres salvajes criados en medio de un pueblo civilizado.

Por otra parte, su primera dentición fué mucho más rápida que en los perros.

Pero lo que los distinguia sobre todo de los cachorros de perro es que tenían los dos pelos de todo animal salvaje: el pelo sedoso y el lanoso, mientras que los perros tenían un sólo pelo: el pelo sedoso .

Buffon ya había constatado el zorro no se aparea con la perra. Mis experiencias han confirmado las de Buffon. El zorro no quería aparearse con la perra nunca, ni el perro con la zorra. Estoy convencido de que su acoplamiento, si es que lo hay, será ineficaz.

Des animaux qui diffèrent par quelque caractère marqué, soit dans les dents, soit dans les organes des sens, ne sont plus du même *genre*. Le chien a la pupille en forme de disque, le renard a la pupille allongée; le chien est *diurne*, le renard voit mieux la nuit que le jour. Avec une telle différence, et relative à un tel organe, il ne peut y avoir *unité de genre*. Le chien, le loup, le chacal ont toute leur structure semblable; la forme de leur pupille est la même. Aussi le loup et le chien, le chien et le chacal produisent-ils ensemble.

Buffon a fait, sur la reproduction du chien et du loup, une série d'expériences. Il n'a jamais pu passer la troisième génération. Frédéric Cuvier, qui a été pendant trente ans le directeur de la ménagerie du Jardin des Plantes, n'a pu aller plus loin. Moi-même je n'ai pu obtenir davantage.

Sur le chacal et le chien, j'ai pu aller jusqu'à la quatrième génération, mais je n'ai pu la dépasser.

Mes expériences sur les *métis*, persévéramment poursuivies, nous donnent les caractères précis de *l'espèce* et au *genre*.

Le caractère de *l'espèce* est la *fécondité continue*.

Le caractère du *genre* est la *fécondité bornée*.

Los animales que difieren en algín carácter marcado, ya sea en los dientes o en los órganos de los sentidos, no son del mismo *género*. El perro tiene una pupila en forma de disco, el zorro tiene la pupila alargad ; el perro es *diurno*, el zorro ve mejor de noche que de día. Con una diferencia así, y relativa a ese órgano, no puede haber *unidad de género*. El perro, el lobo, el chacal tienen toda su estructura similar, la forma de la pupila es la misma. Del mismo modo, el lobo y el perro, el perro y el chacal se reproducen entre sí.

Buffon hizo una serie de experimentos sobre la reproducción del perro y el lobo. Nunca fue capaz de pasar a la tercera generación. Frederic Cuvier, que fue durante treinta años el director de la casa de fieras del Jardin des Plantes, no podía ir más allá. Yo mismo, tampoco pude conseguir más.

Con el chacal y el perro, pude llegar a la cuarta generación, pero no pude superarla.

Mis experiencias sobre *mestizos*, seguidas con perseverancia perseverancia continua, nos dan el carácter preciso de la *especie* y el *género*.

El carácter de la *especie* es la *fertilidad continua*.

El carácter del *género* es la *fertilidad limitada*.

On a déjà des *métis* de plusieurs espèces. On sait que les espèces du cheval, de l'âne, du zèbre, de l'hémione peuvent se mêler et produire ensemble; celles du loup, du chien, du chacal, se mêlent et produisent aussi, comme on vient de voir; il en est de même de celles de la chèvre et de la brebis, de la vache et du bison, du bouc et du bélier. Le tigre et le lion ont produit à Londres, fait remarquable et qui renverse ce principe que l'on s'était trop hâté de poser, savoir, que pour que le croisement de deux espèces fût fécond, il fallait au moins que l'une d'elles fût domestique.

Rien de ce qu'on a dit sur les prétendus *métis* de chien et de renard, de chien et d'hyène, de lièvre et de lapin, à plus forte raison, de taureau et de jument ou de cheval et de vache, n'est prouvé. J'ai souvent tenté, et quelquefois obtenu l'union de ces animaux ; jamais elle n'a été féconde.

On connaît, dans la classe des oiseaux, les unions croisées de plusieurs espèces : du serin avec le chardonneret, avec la linotte, avec le verdier, etc., des faisans dorés, argentés et communs, soit entre eux, soit avec la poule, etc., etc.

Tenemos ya *mestizos* de varias especies. Se sabe que la especie del caballo, del burro, de la cebra, del kulán, pueden mezclarse y reproducirse entre sí ; los lobos, perros, chacales, se mezclan y reproducen también, como hemos visto; lo mismo puede decirse de los de cabra y oveja, vaca y búfalo, cabra y carnero. Tigre y león se produjeron en Londres, hecho notable y que invierte este principio planteado demasiado rápidamente, a saber, que para el cruce de dos especies era fértil, era necesario que, al menos uno de ellos, fuese doméstico.

Nada de lo que se ha dicho sobre los pretendidos *mestizos* de perro y zorro, de perro y hiena, de liebre y conejo ; y con más razón, de toro y caballo o de caballo y vaca queda demostrado. Muchas veces he intentado, ya veces obtenido la unión de estos animales; nunca ha sido fructífera.

Conocidos, la clase de las aves, las uniones cruzadas de múltiples especies: el canario con el jilguero, el pardillo con el verderón, etc, oro Faisanes dorados, plateados y comunes, tanto entre ellos como con el pollo, etc. etc.

Je donne au produit des unions croisées le nom de *métis*, parce que le métis me paraît fait, par moitié, de chacune des deux espèces productrices.

Le *métis* du chacal et du chien tient à peu près également du chacal et du chien. Il a les oreilles droites, la queue pendante; il n'aboie pas : il est aussi chacal que chien.

Voilà pour la première génération. Je continue à unir, de génération en génération, les produits successifs avec l'une des deux espèces productrices, avec celle du chien, par exemple.

Le *métis* de seconde génération n'aboie pas encore; mais il a déjà les oreilles pendantes par le bout; il est moins sauvage.

Le *métis* de la troisième génération aboie ; il a les oreilles pendantes, la queue relevée; il n'est plus sauvage.

Doy al producto de las uniones el nombre de *mestizo*, porque que el mestizo me parece hecho a medias, mitad de cada uno de ambas especies productoras.

El *mestizo* de perro y chacal tiene aproximadamente lo mismo de chacal y de perro. Tiene orejas erguidas, cola colgando, que no ladra: es tanto perro como chacal.

Es así en la primera generación. Continúo uniendo de generación en generación, los productos sucesivos con una de las dos especies productoras, con el perro, por ejemplo.

El *mestizo* de la segunda generación no ladra todavía, pero ya tiene las orejas pendientes en sus extremos; es menos salvaje.

El *mestizo* de la tercera generación ladra; tiene sus orejas caídas, la cola levantada; ya no es salvaje.

Le *métis* de la quatrième génération est tout à fait chien.

Quatre générations m'ont donc suffi pour ramener l'un des deux types primitifs, le type chien; et quatre générations me suffisent de même pour ramener l'autre type, le type chacal.

Linné disait, avec une sagacité profonde: *Naturæ opus semper est species et genus; cultures sæpius varietas; artis et naturæ classis de ordo.*

En effet, *l'espèce* et le *genre* sont toujours l'œuvre de la nature ; la *variété* est souvent l'œuvre de la culture; et la *classe* et *l'ordre* sont à la fois l'œuvre de l'art et de la nature : de la *nature* qui donne aux espèces les ressemblances et les différences, et de *l'art* qui les juge et les apprécie.

Au milieu de tous les autres *groupes* de la méthode, *l'espèce* et le *genre* se distinguent en ce qu'ils ne se fondent pas seulement sur la *comparaison des ressemblances*, mais sur des rapports directs et effectifs de *génération* et de *fécondité*.

El *mestizo* de la cuarta generación es totalmente un perro.

Así que cuatro generaciones son suficientes para regresar a uno de los dos tipos primitivos, el tipo perro, y cuatro generaciones, de la misma manera, son suficientes para regresar al otro tipo, el tipo chacal.

Linneo dijo, con sagacidad profunda: *Naturæ opus semper est species et genus; cultures sæpius varietas; artis et naturæ classis de ordo.*

En efecto, *especie* y *género* son siempre obra de la naturaleza, la *variedad* es a menudo el trabajo del cultivo y la *clase* y el *orden* son la obra del arte y de la naturaleza: la *naturaleza* que da las similitudes y diferencias de especies, y el *arte* que considera y aprecia.

Entre todos los otros *grupos* del método, la *especie* y *género* se distinguen en que no se basan solamente en la *comparación de las similitudes*, sino en relaciones generación directas y efectivas de *generación* y *fertilidad*.

Nous ne connaissons bien le chacal que depuis notre conquête d'Alger. Buffon l'a mal connu: il le confond avec *l'adive*, qui n'est qu'une espèce factice, et il lui attribue beaucoup de mauvaises qualités qu'assurément il n'a pas : « Il réunit, dit-il, l'impudence du chien à la bassesse du loup, et, participant des deux, semble n'être qu'un odieux composé de toutes les mauvaises qualités de l'un et de l'autre. » [97]

« Le chacal, dit simplement Belon, est bête entre loup et chien. Le chacal a les cuisses et les jambes fauve-clair; il a du roux à l'oreille; ces marques distinctives se retrouvent sur le *métis* de la première génération; mais, dès le mélange de ce métis avec le chien, elles disparaissent.

« Nous les regarderons (le chacal et le « chien), dit Buffon, comme deux espèces distinctes, sauf à les réunir lorsqu'il sera prouvé, par le fait, qu'ils se mêlent et produisent ensemble. » [98]

No conocemos bien al chacal más que desde nuestra conquista de Argel. Buffon lo conoció mal: lo confunde con la *adive*, que es una especie ficticia, y le da un montón de malas cualidades que ciertamente no tiene: «Reune, dijo, la imprudencia del perro a la bajeza del lobo, y participando de ambos, parece no ser sino un compuesto abominable de todas las malas cualidades de una y otra especies. »

« El chacal, dijo simplemente Belon, es bestia entre lobo y perro. El chacal tiene los muslos y las piernas de un color rojizo claro, y tiene rojo en la oreja; estas marcas se encuentran en la primera generación de *mestizos*, pero cuando se mezclan estos mestizos con perros, desaparecen.

"Los vemos (al chacal y el perro), dice Buffon, como dos especies distintas, salvo que los unamos y se demuestre, por los hechos, que se mezclan y reproducen entre sí. »

---

[97] Histoire du Chacal.

[98] Histoire du Chacal.

Aujourd'hui, il est prouvé, par le fait, qu'ils se mêlent et produisent ensemble, et cependant il est prouvé que ce sont deux espèces distinctes, par cela seul qu'ils ne produisent ensemble qu'un certain nombre de générations.

Mais c'est là tout un ordre d'idées qu'on n'avait point encore au temps de Buffon. Il y a deux sortes de fécondité: une *fécondité continue*; c'est le caractère de *l'espèce*. Toutes les variétés de chevaux, de chiens, de brebis, de chèvres, etc., se mêlent et produisent ensemble avec une fécondité continue.

Et il y a une *fécondité bornée*; c'est le caractère du *genre*. Si deux espèces distinctes, le chien et le chacal, le loup et le chien, le bélier et le bouc, l'âne et le cheval, etc., se mêlent ensemble, ils produisent des individus bientôt inféconds, ce qui fait qu'il ne s'établit jamais d'espèce intermédiaire durable. On unit le cheval et l'âne depuis des siècles, mais le mulet et la mule ne donnent point d'espèce *intermédiaire*; on unit depuis des siècles les espèces du bouc et du bélier; ils produisent des métis, mais ces métis n'ont pas donné d'espèce *intermédiaire*.

Hoy en día, se ha demostrado, con hechos, que se mezclan y reproducen entre sí, y sin embargo hay pruebas de que son dos especies separadas, simplemente porque no se reproducen más que durante cierto número de generaciones.

Pero eso es todo un orden de ideas que no tenían aún lugar en el momento de Buffon. Hay dos clases de fecundidad: *fecundidad continua*, es el carácter de la *especie*. Todas las variedades de caballos, perros, ovejas, cabras, etc., Se mezclan y reproducen entre sí con una fecundidad continua.

Y hay una *fertilidad limitada*, es la característica del *género*. Si dos especies distintas, el perro y chacal, el lobo y el perro, el carnero y la cabra, el burro y el caballo, etc., se mezclan, producen individuos pronto infértiles, por lo que no se establecen especies *intermedias* de modo duradero. Se mezclan el caballo y el burro desde hace siglos, pero el mulo y la mula no dan especie intermedia; se une desde hace siglos las especies de cabra y carnero que producen mestizos, pero estos mestizos no dan ninguna especie *intermedia*.

On cherchait le caractère du *genre*, où le trouver? Il est dans les deux fécondités distinctes.

La fécondité *continue* donne l'espèce ; la fécondité *bornée* donne le genre.

Buffon avait donc bien raison quand il disait : « L'union des animaux d'espèce différente est le seul moyen de reconnaître leur *parenté*. »[99]

Il disait encore, avec éloquence : « Le plus grand obstacle qu'il y ait à l'avancement de nos connaissances est l'ignorance presque forcée dans laquelle nous sommes d'un très-grand nombre d'effets que le temps seul n'a pu présenter à nos yeux et qui ne se dévoileront même à ceux de la postérité que par des expériences et des observations combinées. En attendant, nous errons dans les ténèbres, ou nous marchons avec perplexité entre des préjugés et des probabilités, ignorant même jusqu'à la possibilité des choses, et confondant à tout moment les opinions des hommes avec les actes de la nature. »[100]

Buscábamos el carácter de *género* ¿dónde encontrarlo? Está en las dos fertilidades distintas distinto en tanto la fertilidad.

La fertilidad *continua* da la especie, la fertilidad *limitada* da el género.

Buffon, por tanto, tenía razón cuando dijo: « La unión de animales de diferentes especies es la única manera de reconocer su *parentesco*. »

También dijo elocuentemente: « El obstáculo más grande que hay en el avance de nuestro conocimiento es la ignorancia casi forzada en la que nos encontramos con un gran número de efectos que sólo el tiempo no ha podido presentar a nuestros ojos y que no se darán a conocer ni aún a los de la posteridad, si no es por medio de experimentos y observaciones combinadas. Mientras tanto, nos debatimos en la oscuridad, o caminamos con perplejidad entre el prejuicio y las probabilidades, ignorando incluso la posibilidad de las cosas, en cualquier momento y confundir las opiniones de los hombres con los actos de la naturaleza. »

---

[99] Voyez le Supplément, article Mulets.

[100] Histoire de la Chèvre.

Je donne, comme on vient de voir, au produit des unions croisées le nom de *métis*, parce qu'il me paraît fait par moitié de chacune des deux espèces productrices. Chacune de ces deux espèces me paraît y avoir une part égale. Il y a longtemps que je le pense et que je l'ai dit. M. Naudin dit, d'un *hybride* de deux espèces de cucurbitacées (le *Luffa cylindica* et le *Luffa acutanyida*) : « Les bonnes graines étaient, aussi bien que les fruits, *parfaitement intermédiaires* entre celles des deux espèces, c'est-à-dire à la fois chagrinées, comme celles du Luffa acutanyida, et bordées d'une courte membrane aliforme comme celles du *Luffa cylindica*. »

Finissons par une conclusion nette.

Doy, como acabamos de ver, al producto de uniones cruzadas el nombre de *mestizo*, porque me parece hecho a medias por cada una de ambas especies productoras. Cada una de estas dos especies parecen haber tenido una parte igual. Hace mucho tiempo, y creo que ya lo he dicho, Naudin dijo, de un *híbrido* de dos especies de cucurbitácea (*Luffa cylindica* y *Luffa acutanyida*): «Las semillas eran buenas, así como los frutos, *perfectamente intermedios* entre los de las dos especies, es decir, a la vez un tanto agraviados, como Luffa acutanyida, y bordeados por una corta membrana aliforme como los de *Luffa cylindrica*. »

Terminaremos con una conclusión definitiva.

Ou les *métis* nés de l'union de deux espèces distinctes s'unissent entre eux, et ils sont bientôt stériles, ou il s'unissent à l'une des deux tiges primitives, et ils reviennent bientôt à cette tige; ils ne donnent, dans aucun cas, ce qu'on pourrait appeler une espèce nouvelle, c'est-à-dire une espèce intermédiaire.

Nous avons vu que les *hybrides* des végétaux, même ceux qui sont fertiles, reviennent à l'une des deux espèces primitives au bout de quatre ou cinq générations.

L'hybridité n'est donc dans aucun cas, ni dans aucun sens, ni pour les végétaux ni pour les animaux, souche de nouvelles espèces.

O los *mestizos* nacidos de la unión de dos especies distintas se unen entre sí, y son pronto estériles o se unen a una de las dos ramas primitivas, y pronto revierten ; en cualquier caso, nunca dan lo que podría llamarse una nueva especie, es decir, una especie intermedia.

Hemos visto que las plantas *híbridas*, incluso aquellas que son fértiles, vuelven a una de las dos especies originales después de cuatro o cinco generaciones.

La *hibridación* no es de ninguna manera ni en ningún sentido, ni para las plantas o los animales, fuente de especies nuevas.

VII Partie

DE LA GÉNÉRATION DES INSECTES

VII Parte

DE LA GENERATION DE LOS INSECTOS

DE REDI

La terre est la mère commune de tout ce qui vit, disaient les anciens. Et de cette origine si simple, l'homme lui-même n'était pas excepté. Cependant Épicure veut bien convenir que, de son temps, la terre épuisée ne produisait plus d'hommes ni de grands animaux; elle ne produisait plus que des insectes, mais elle produisait tous les insectes.

Au beau milieu du XVIII siècle, en 1668, époque où parut l'ouvrage de Redi [101], la science en était juste au point où Épicure l'avait laissée.

Et même, à la rigueur, ce n'était plus la terre, mère encore assez noble, c'était la corruption, la putréfaction, c'étaient les herbes, les fruits, le fromage pourri, c'étaient les chairs corrompues qui produisaient les insectes.

De plus, chaque espèce de chair corrompue produisait son espèce particulière d'insectes: la chair corrompue du taureau produisait des abeilles; celle du cheval, des guêpes; celle de l'âne, des scarabées; celle de l'écrevisse, des scorpions; celle des canards, des crapauds, etc. Redi a eu la constance de soumettre à l'expérience toutes ces opinions, jusqu'aux plus absurdes; et non-seulement ni la chair du taureau n'a donné des abeilles, ni celle du cheval des guêpes, ni celle de l'âne des scarabées, etc., mais aucune chair corrompue n'a donné d'insectes.

DE REDI

La tierra es la madre común de todo lo que vive, decían los antiguos. Y de este origen tan sencillo, el hombre mismo no fue excepción. Sin embargo Epicuro quiere admitir que, en su tiempo, la tierra agotada ya no producía más hombres ni grandes animales; ella tan sólo producía insectos, pero producía todos los insectos.

A mediados del siglo siglo XVII, en 1668, cuando apareció el libro de Redi, la ciencia se encontraba justo en el punto en que Epicuro había dejado.

Y aunque, estrictamente hablando, no era la tierra, madre todavía bastante, era la corrupción, la putrefacción, eran las hierbas, las frutas, el queso podrido, eran las carnes corrompidas los que producían insectos.

Además, cada especie de carne corrompida produce su especie particular de insectos: la carne corrupta del toro produce las abejas; la del caballo, las avispas; la de los burros, los escarabajos; la de los cangrejos, escorpiones; la de los patos, ranas, etc. Redi tuvo la constancia de someter a experimentación todas estas opiniones, incluso las más absurdas; y, no solamente la carne de toro no dio abejas, ni la del caballo avispas, ni la del asno escarabajos, etc., sino que ninguna carne corrompida produjo insectos.

---

[101] *Esperienze intorno alla generazione degl' insetti.*

Voici la manière dont a procédé Redi.

Dans un vase de verre, Redi met un morceau de chair fraîche et saine, et il laisse le vase ouvert. Bientôt la chair se corrompt; les mouches accourent de toutes parts sur la chair corrompue et y déposent leurs œufs ou leurs vers[102]. Au bout de quelques jours, les vers se transforment en chrysalides, et ces chrysalydes en mouches, en mouches les plus ordinaires, les plus communes, en celles-là même que Redi avait vues naguère se poser sur les chairs pourries et y déposer leurs œufs ou leurs vers. « Les mouches qui s'y formaient, dit Redi, étaient de même espèce que celles que j'avais vues s'y poser. »[103]

Dans un autre vase de verre, Redi met de la chair fraîche, et il ferme immédiatement le vase; la chair se corrompt encore, mais elle a beau se corrompre, il ne s'y produit point de vers.

Así es como una Redi actuó.

En un vaso de vidrio, Redi puso un pedazo de carne fresca y saludable, dejándolo. Pronto la carne se corrompe; las moscas acuden de todas partes a la carne corrompida y depositan en ella sus huevos o gusanos. Después de unos días, los gusanos se convierten en crisálidas, y las crisálidas en moscas, moscas de los más ordinarias, las más comunes, incluso las mismas que Redi había visto posarse una vez en la carne podrida y poner en ella sus huevos o sus gusanos. « Las moscas allí formadas, dice Redi, eran de la misma especie que las que yo había visto posarse. »

En otro vaso de vidrio, Redi puso la carne fresca, cerrándolo inmediatamente; la carne se descompone otra vez, pero tarda en hacerlo, no se producen gusanos.

---

[102] Car il y en a d'ovipares et de vivipares, ou plutôt d'ovo-vivipares.

[103] Collection académique, t. IV, p. 420.

Redi fait mieux. Dans ce vase fermé, l'air n'avait pu se renouveler. Redi fait construire une espèce de cage, qu'il entoure d'une gaze fine; et dès lors c'est sur la gaze elle-même que les mouches viennent déposer leurs œufs. La viande, protégée par la gaze, ne donne point de vers.

« Je conclus donc, dit Redi, que la terre ne produit d'elle-même aucune plante, aucun animal, aucun insecte... Toutes les espèces se perpétuent par le moyen d'une vraie semence; et si l'on voit tous les jours naître des insectes dans des chairs corrompues, dans des herbes, des fleurs et des fruits pourris, ces matières ne contribuent à la génération des insectes qu'en offrant aux mères un lieu propre à recevoir leurs œufs et en fournissant une nourriture convenable aux petits, lorsqu'ils sont formés. »[104]

De ses expériences sur les chairs corrompues, Redi passe à celles qu'il a faites sur le fromage, sur les herbes, sur les fruits pourris, etc.; et le résultat est encore le même, comme on pense bien. Dès qu'on préserve les matières pourries du contact des mouches, il ne s'y produit plus de vers; aucune matière pourrie, aucune matière morte ne produit d'animal vivant : ce n'est pas de la mort que naît la vie.

Redi lo hizo aún mejor. En este recipiente cerrado, el aire no podría renovarse. Redi construyó una especie de jaula rodeada por una gasa fina; y por lo tanto es sobre la gasa en sí misma donde las moscas fueron a poner sus huevos. La carne, protegida por una gasa, no da lugar a gusanos.

« Concluyo por lo tanto, dijo Redi, que la tierra no produce por sí misma plantas alguna, ni animales, ni insectos ... Todas las especies se perpetúan por medio de una verdadera semilla, y si vemos todos los días que los insectos nacen en las carnes dañadas, en la hierba, en las flores y de la fruta podrida, estos materiales no contribuyen a la generación de insectos más que ofreciendo a las madres un lugar limpio para recibir sus huevos y suministrando una alimentación adecuada para las crías en formación. »

---

[104] Collection académique, t. IV, p. 416.

De ses expériences sur les chairs corrompues, Redi passe à celles qu'il a faites sur le fromage, sur les herbes, sur les fruits pourris, etc.; et le résultat est encore le même, comme on pense bien. Dès qu'on préserve les matières pourries du contact des mouches, il ne s'y produit plus de vers; aucune matière pourrie, aucune matière morte ne produit d'animal vivant: ce n'est pas de la mort que naît la vie.

De sus experiencias en la carne corrompida, pasa Redi a las que hizo sobre el queso, en la hierba, en la fruta podrida, etc.; y el resultado sigue siendo el mismo, como puede suponerse. Desde que se preservan los materiales podridos del contacto con las moscas, ya no se producen más gusanos; no hay materia podrida alguna, ninguna materia muerta que pueda producir un animal vivo:: no es de la muerte de donde nace la vida.

Voilà, certes, des expériences très nettes, très précises, admirablement conduites. Mais, ô faiblesse à peine croyable et défaillance toujours prochaine de l'esprit humain ! ce même Redi, qui vient de prouver si pleinement que tout insecte vient d'un autre insecte et d'un insecte de même espèce, arrivé aux insectes qui se développent dans les feuilles, dans les fruits, dans ces excroissances végétales qu'on appelle des *galles*, s'imagine que c'est l'arbre, *l'arbre vivant*, qui produit, à la fois et par la *même vertu*, la feuille et l'insecte, le fruit et l'insecte, la galle et l'insecte. « Une même vertu, dit-il, produit à la fois les fruits et leurs vers » [105] « Le ver de la galle tire son *être* et sa nourriture de l'arbre. »[106] « J'ai prouvé, continue-t-il, que les vers naissent sur toutes sortes d'herbes pourvu qu'elles soient imprégnées de la semence de ces insectes; mais, sans cette condition, il ne s'engendre jamais rien, ni dans les herbes, ni dans les chairs corrompues, ni dans aucune matière privée de vie. Au contraire, je pense que toute matière vivante peut d'elle-même produire des vers qui se transforment en insectes, comme on le voit dans les cerises, les prunes, les poires, et dans les différentes espèces de galles. »[107]

He ahí ciertamente unos experimentos muy limpios, muy precisos, admirablemente realizados. Pero, oh debilidad apenas creíble y falibilidad siempre próxima de la mente humana! El mismo Redi, quien tan plenamente acaba de demostrar que cualquier insecto procede de otro insecto y de un insecto de la misma especie, llegado a considerar los insectos que crecen en las hojas, en la fruta, en esos crecimientos vegetales llamados *agallas*, se imagina que es el árbol, *el árbol vivo*, el que produce a la vez y por *la misma virtud*, la hoja y el insecto, la fruta y el insecto, las agallas y el insecto. « La virtud misma, dice, produce a la vez la fruta y el gusano », « El gusano de las agallas obtiene su *ser* y su alimento del árbol». « He demostrado, continuó, que los gusanos nacen en todo tipo de hierbas, siempre que se impregnen con la semilla de estos insectos, pero sin esta condición, no se genera nada, ni en la hierba, ni en la carne corrompida, ni en cualquier otra materia privada de vida. En cambio, creo que toda materia viviente puede producir por sí misma gusanos que se convierten en insectos, como se ve en las cerezas, ciruelas, peras, y varias especies de agallas. »

---

[105] Collection académique, t. IV, p. 448.

[106] Collection académique, t. IV, p. 448.

[107] Collection académique, t. IV, p. 448.

Il n'est peut-être rien de plus capable, s'écrie à cette occasion Réaumur, d'humilier ceux qui raisonnent le mieux, et de leur inspirer une juste défiance des idées nouvelles qui peuvent s'offrir à eux, que de voir qu'un si bel esprit ait pu adopter un sentiment si peu vraisemblable, ou, pour trancher le mot, si pitoyable, et cela après avoir pourtant balancé s'il ne suivrait pas celui qui était si naturel, et qu'il était même porté à croire vrai, car il avait « pensé que les mouches pouvaient déposer des œufs dont les vers des galles sortaient. » [108]

No hay quizás nada más capaz, se admira en esta ocasión Reaumur, de humillar a los que mejor razonan, inspirándoles una desconfianza justa de las nuevas ideas que pueden ofrecérseles, que el ver como semejante ingenio pudo adoptar un sentimiento tan inverosímil, o para afinar la palabra, tan lamentable, y todo esto después de haber calibrado si no seguiría lo que era tan natural, y que a punto estuvo incluso de creer como verdad, porque había « pensado que las moscas podían poner huevos de los que saldrían los gusanos de las agallas. »

---

[108] Mémoires pour servir à l'histoire des insectes, l. III, p. 476.

DE SWAMMERDAM

Swammerdam n'était pas homme à s'arrêter à mi-chemin dans une lutte engagée contre un préjugé. « M. Redi, qui a le premier combattu, dit-il, par l'expérience l'opinion de la génération fortuite espontanée, pensait que les insectes qui se trouvent dans les feuilles et dans les fruits étaient engendrés par la vertu naturelle de cette même âme végétative qui produit les fruits et les plantes. »[109]

Swammerdam reprend donc l'étude des galles, et spécialement celle de la galle du saule, qui avait arrêté Redi. Redi avait cru que les vers de cette galle ne subissaient point de transformation. Swammerdam voit ces vers se transformer en mouches; et ce n'est pas tout, il trouve, dans l'intérieur de ces petites mouches, des œufs entièrement semblables à ceux que contient la galle: les œufs de la galle viennent donc de la mouche.

DE SWAMMERDAM

Swammerdam no era hombre para detenerse a medio camino en una lucha contra los prejuicios. « El señor Redi, quien fue el primero , dice, en combatir con experimentos la opinión de la generación espontanea fortuita, pensaba que los insectos se encuentran en las hojas y en las fruta eran engendrados en virtud de la misma alma vegetativa que produce frutos y plantas. »

Swammerdam por lo tanto retoma el estudio de las agallas, y en particular del Sauce, en donde se había detenido Redi. Redi había creído que los gusanos de éstas agallas no sufrían transformación. Swammerdam vió a estos gusanos convertirse en moscas; y esto no es todo, es en el interior de estas moscas pequeñas, huevos completamente similares a los contenidos en la agalla: los huevos de la agalla vienen, por lo tanto, de la mosca.

---

[109] Collection académique, t. V, p. 502.

Cependant Swammerdam n'était pas tout à fait content. « Je conviens, dit-il, qu'il n'y aurait plus rien à répliquer, si j'avais pu surprendre la mère de ces petits vers dans l'action même de la ponte; je ne désespère pas de prendre ainsi quelque jour la nature sur le fait. » [110]

Cette bonne fortune était réservée à l'un de ses plus célèbres successeurs, à Malpighi.

Sin embargo Swammerdam no era del todo feliz. « Estoy de acuerdo, dijo, no habría nada que replicar, si hubiera podido atrapar a la madre de estos gusanos en el mismo acto de la puesta; no desespero de encontrar un día a la naturaleza in fraganti. »

Esta buena fortuna estaba reservada para uno de sus más famosos sucesores, Malpighi.

---

[110] Collection académique, t. V, p. 503.

DE MALPIGHI

Fontenelle, dans ce beau tableau du XVIIème siècle où il nous peint Descartes enseignant aux géomètres des routes inconnues, Néper inventant les logarithmes, Harvey découvrant la circulation du sang, Pecquet, le cours du chyle, Thomas Bertholin, les vaisseaux lymphatiques, caractérise ainsi Malpighi : « Marcel Malpighi, célèbre par tant de découvertes anatomiques, qui, quelque importantes qu'elles soient, lui feront encore moins d'honneur que l'heureuse idée qu'il a eue, le premier, d'étendre l'anatomie jusqu'aux plantes... »

C'est dans le beau livre de Malpighi sur *l'anatomie des plantes* qu'il faut étudier les rapports des *galles* avec les insectes: « Toutes mes observations prouvent, dit Malpighi, que les *galles* ne sont qu'une espèce de nid pour l'œuf ou le ver, lequel vient toujours d'un parent-animal, jamais d'une plante : *à parente animali, nequaquam vero à planta.* » [111]

DE MALPIGHI

Fontenelle, en esta hermosa pintura del siglo XVII en el que pintó a Descartes enseñando a los geómetras rutas desconocidas, Napier inventando los logaritmos, Harvey descubriendo la circulación de la sangre, Pecquet, el curso del quilo, Thomas Bertholin, los vasos linfáticos, caracteriza así a Malpighi « Marcel Malpighi, famoso por tantos descubrimientos anatómicos, que, por importantes que sean, le honrarán menos que le honra la feliz idea que tuvo, el primero, de ampliar la anatomía hasta plantas ... »

Es en el hermoso libro de Malpighi sobre la *anatomía de las plantas* en donde hay que estudiar las relaciones de las *agallas* con los insectos: «Todas mis observaciones prueban, dice Malpighi, que las *agallas* no son más que especie de nido para el huevo o el gusano, que siempre viene de un parental de origen animal, nunca de una planta: *à parente animali, nequaquam vero à planta.* »

---

[111] *Anatomie plantarum,* p. 10 (édition de 1687).

Malpighi s'attache à nous faire voir qu'il n'est aucune partie des plantes sur laquelle des *galles* ne puissent croître: sur les feuilles, sur leurs pédicules, sur les tiges, sur les branches, sur les jeunes rejetons, sur les racines, sur les bourgeons, sur les fleurs, sur les fruits; et c'est toujours à un insecte, à un insecte de l'espèce de celui qui a crû dans son intérieur, que la *galle* doit sa naissance.

Voici comment il raconte la bonne fortune, qui lui arrriva un jour, de prendre sur le fait une mouche pondant des œufs et les introduisant à mesure dans l'intérieur d'un bouton de chêne qui venait à peine de s'ouvrir.

Malpighi se esfuerza por hacernos ver que no hay parte de las plantas sobre la cual las *agallas* no puedan crecer: las hojas, los pedículos, los tallos, las ramas, los brotes jóvenes, raíces, las yemas, las flores, los frutos; y es siempre a un insecto, a un insecto de la especie que crecía en su interior, que la *agalla* debe su nacimiento.

He aquí cómo describe la buena suerte que un día lo llevó, a captar *in fraganti* a una mosca poniendo los huevos y metiéndolos en el interior de una yema de roble que acababa de brotar.

« Pour appuyer ce que j'avance, savoir que ce sont les insectes qui font naître les galles, qu'il me soit permis d'en appeler au témoignage des sens. Une seule fois, vers la fin du mois de juin, j'ai vu une mouche, semblable à celle que j'ai décrite plus haut (un *Cynips*), posée sur une branche de chêne dont les bourgeons commençaient à se former. Elle s'était attachée à la petite feuille qui sortait à peine de l'enveloppe solide du bourgeon à demi entr'ouvert. Elle tenait son corps ramassé sur lui-même en forme d'arc; elle avait dégainé sa tarière, et en frappait à coups redoublés la petite feuille. Puis, enflant son ventre, elle faisait sortir d'intervalle à intervalle de l'extrémité de sa tarière un œuf, qu'elle déposait. Je détachai la mouche, et je trouvai sur la feuille des œufs, de tout point semblables à ceux que je découvris dans l'ovaire de la mouche. Il ne m'a pas été donné de contempler une seule fois de plus ce spectacle, quoique j'aie conservé longtemps enfermées dans des vases de verre des mouches que j'entourais de bourgeons naissants et de jeunes « branches. »[112]. « Je sais mieux que personne, dit à cette occasion Réaumur, combien l'observation de M. Malpighi a été heureuse; malgré toute l'envie que j'ai eue d'en faire une pareille, je n'ai pu y parvenir. » [113]

« En apoyo de lo que digo, que son los insectos los que causan las agallas, permítanme apelar al testimonio de los sentidos. Una sola vez, a finales de junio, vi una mosca similar a la que he descrito más arriba (una *Cynips*), colocada en una rama de roble con brotes que empezaban a formarse. Ella se unió a la hojita que salía apenas de su envoltura de la yema entreabierta. Tenía su cuerpo arqueado, había desenfundado su taladro, y golpeaba en la hoja pequeña. Entonces, abultando su vientre, sacaba de cuando en cuando de la extremidad de su taladro un huevo, que depositaba. Separando la mosca, encontré sobre las hojas huevos, en todo punto similares a los que había eoncontrado en el ovario de la mosca. No me ha sido dado contemplar una vez más éste espectáculo, aunque haya mantenido durante mucho tiempo encerradas en jarrones de cristal moscas que rodeaba de brotes emergentes y ramas jóvenes. » - « Sé mejor que nadie, dijo que en esta ocasión Reaumur, lo acertado de la observación de M. Malpighi, a pesar de todas las ganas que tenía de hacer una parecida, no pude lograrlo. »

---

[112] *Anatomie plantarum*, p. 130.

[113] Mémoires pour servir à l'histoire des insectes, t. III, p. 476.

DE RÉAUMUR

Ce que les Redi, les Swammerdam, les Malpighi, avaient découvert, Réaumur devait le vulgariser. Au moment où il écrivait, tout le monde était convaincu que les insectes ne naissent pas de corruption, et que les *métamorphoses* apparentes de ces animaux ne sont que des *dépouillements*. Je dis *tout le monde*: il faut pourtant que j'excepte les *Journalistes de Trévoux*, qui prirent, contre Réaumur, la défense des Pères Kircher et Bonanni, singuliers naturalistes, dont l'un, le Père Kircher, nous donne des *recettes sûres* pour produire des scorpions[114] et des *vers de terre*, et dont l'autre, le Père Bonanni, nous affirme que, « en se pourrissant dans la mer, certains bois produisent des vers d'où sort un papillon qui, à force de rester sur l'eau, finit par se transformer en oiseau. » [115]

DE RÉAUMUR

Réaumur debería popularizar aquello que los Redi, Swammerdam y Malpighi habían descubierto. Cuando escribía, todo el mundo estaba convencido de que los insectos no nacen de la corrupción, y de que las *metamorfosis* aparentes de estos animales son sólo cuentos. Digo *todo el mundo* y, sin embargo, debo exceptuar a los *autores del Journal de Trévoux*, quienes tomaron, contra Reaumur, la defensa de los Padres Kircher y Bonanni, ambos naturalistas singulares; uno, el Padre Kircher, que nos da *recetas seguras* para producir *escorpiones* y *lombrices de tierra*, y el otro, el Padre Bonanni, que nos dice que, « al pudrirse en el mar, algunas maderas pueden engendrar gusanos de los cuales nace una mariposa que, a fuerza de permanecer en el agua, con el tiempo se convierte en un pájaro. »

---

[114] « Prenez, dit le P. Kircher, des cadavres de scorpions, broyez-les, mettez-les dans un vase de verre, arrosez-les d'une eau dans laquelle des feuilles de basilic aient été macérées; pendant un jour d'été, exposez le tout au soleil. Si vous observez ce mélange avec une loupe, vous verrez qu'il s'est converti en une innombrable quantité de scorpions... » Réaumur ajoute: « Ce qui embarrasse le P. Kircher dans ce fait, n'est pourtant pas la naissance de tant de scorpions, c'est la sympathie que la plante appelée basilic peut avoir avec le scorpion. » Réaumur, t. 11, p. xxxvii. Je fais grâce de la recette, également sûre, pour la production des vers.

[115] Délia curiosa origine clegli sviluppi e de' costumi ammirabili di molti insecti : Dialogo primo, p. 3 et suiv. (édition de 173b.)

« Mais que demandent enfin, s'écrie Réaumur, les *Journalistes de Trévoux*, pour regarder comme un système tombé le système qui fait naître les insectes de corruption? » — Et, en effet, à ce moment-là même de la querelle que lui font les *Journalistes de Trévoux*, tous les faits, allégués à l'appui de ce système, venaient d'être éclaircis, c'est-à-dire réfutés.

« Pero que necesitan, exclama Reaumur, los *autores del Journal de Trévoux* [116] para mirar como un sistema caído al que plantea el nacimiento de los insectos a partir de la corrupción? »- Y, de hecho, en ese momento de la disputa que le hacen los autores del *Journal de Trévoux*, todos los hechos alegados en apoyo de este sistema, acababan de ser aclarados, es decir, refutados.

---

[116] Según informa el diccionario de Neolengua en versión francesa del 5 de marzo de 2013, el Journal de Trévooux era "Une arme des jésuites dans la lutte pour l'opinion européenne du XVIIIe".

« On a vu, dit Réaumur, des vers croître sur la viande, et on en a conclu que cette viande se transformait en vers. Redi s'est donné la peine de faire un grand nombre d'expériences par lesquelles il a très-bien prouvé que les vers ne paraissent sur la viande que lorsque des mouches y ont déposé leurs œufs. — On a vu des morceaux de fromage se peupler d'un million de mites, on en a conclu qu'elles naissaient du fromage. — Leuwenhoeck à fait voir que, parmi les mites, il y a des mâles et des femelles, et que les femelles font un grand nombre d'oeufs. — Il se forme sur les feuilles, sur les tiges des arbres, des tumeurs qu'on appelle galles; ces galles renferment des vers qui se transforment en mouches; quelques savants ont cru que ces vers pouvaient devoir leur naissance au suc même de l'arbre: Malpighi a prouvé que des mouches, semblables à celles qui viennent des galles, ont donné naissance à ces galles, etc. »[117]

« Hemos visto dice Reaumur, gusanos crecer en la carne, y se ha concluido que la carne se convierte en gusanos. Redi se ha tomado la molestia de hacer un gran número de experimentos en los que se ha demostrado muy claramente que los gusanos no aparecen en la carne sino cuando las moscas han depositado sus huevos. - Vimos trozos de queso poblarse de un millón de ácaros, llegándose a la conclusión de que nacieron del queso. - Leuwenhoeck ha mostrado que entre los ácaros, hay machos y hembras, y las hembras ponen un gran número de huevos. - Se forman en las hojas, en los tallos de los árboles, los tumores llamados agallas, las agallas contienen gusanos que se transforman en moscas, algunos estudiosos creyeron que los gusanos debían su nacimiento al mismo jugo del árbol Malpighi demostró que otras moscas, como las que provienen de las agallas, han originado estas agallas, etc. »

---

[117] Mémoires pour servir à l'histoire des insectes, t. II p. xxvii.

DE DE GEER

Nous venons de voir que des mouches introduisent leurs œufs partout: dans les feuilles, dans les fruits, dans les galles des arbres. D'autres mouches introduisent leurs œufs dans les chenilles, et même dans les œufs d'autres insectes.

Réaumur a décrit, avec un grand soin, tout le petit manège de la mouche qui introduit ses œufs dans la grande chenille du chou. La chenille n'en meurt pas: elle continue de croître; quelquefois même, elle se transforme en chrysalide. Par un instinct singulier, le *ver intérieur*, le ver qui se nourrit de la chenille et la ronge, le ver *mangeur de chenille*, comme l'appelle Réaumur, n'attaque aucun des organes principaux, dont la lésion pourrait compromettre une vie à la prolongation de laquelle tient la sienne. Il ne se nourrit que du corps graisseux qui entoure le canal digestif, sans toucher jamais au canal digestif lui-même.

DE DE GEER

Acabamos de ver que las moscas introducen sus huevos en todas partes: en las hojas, en los frutas, en las agallas de los árboles. Otras moscas depositan sus huevos en las orugas, y hasta en los huevos de otros insectos.

Reaumur ha descrito con gran cuidado, todo el pequeño juego de la mosca que introduce sus huevos en la gran oruga de la col. La oruga no muere: sigue creciendo, a veces se convierte en pupa. Por un instinto singular, el *gusano interior*, el gusano que se alimenta de la oruga y la come, el gusano *comedor de orugas*, como lo llama Reaumur, no ataca a ninguno de los órganos principales, cuya la lesión podría poner en peligro una vida de cuya extensión depende la suya. Sólo se alimenta la grasa corporal que rodea el tracto digestivo sin tocar el canal alimentario en sí.

Réaumur a vu sortir d'une seule de ces chenilles plus de quatre-vingts vers. « Ce sont ces vers, nous dit-il, que Goëdaert, et beaucoup d'autres avant lui, ont regardés comme les vrais enfants des chenilles. » [118]

De Geer, le continuateur de Réaumur, le *Réaumur suédois*, comme on l'a nommé, beau titre qu'il doit à la sagacité tout à la fois et à la candeur de son esprit, nous décrit une espèce très petite d'ichneumon, qui loge ses œufs dans les œufs d'un autre insecte, dans les œufs, par exemple, d'un papillon de grandeur commune: un œuf d'ichneumon dans chaque œuf de papillon.

Le ver qui sort de l'œuf de l'ichneumon est si petit qu'il trouve sous la coque de l'autre œuf tout ce qu'il faut d'aliments pour parvenir à un accroissement parfait. Là, il se métamorphose en nymphe, et puis en mouche, laquelle perce la coque, la coque de l'œuf qui vient de lui servir de logement, et qui ne serait plus pour elle qu'une prison. Le naturaliste, étonné, voit sortir ces petites mouches des œufs d'où il s'attendait à voir naître des chenilles. [119]

Reaumur vió salir de una de estas orugas más de ochenta gusanos. « Estos son los gusanos, nos dice, que Goëdaert y muchos otros antes que él, habían considerado como verdaderos hijos de las orugas. »

De Geer, el sucesor de Reaumur, el *Reaumur sueco*, como se le ha llamado, título hermoso que debe tanto a su sagacidad como al el candor de su mente, nos describió una especie de icneumónido muy pequeña, que pone sus huevos en los huevos de otros insectos, en los huevos, por ejemplo, de una mariposa de tamaño común: un huevo de icneumónido en cada huevo de mariposa.

El gusano que sale del huevo del icneumónido, es tan pequeño que se encuentra en el casco de otro huevo todos los alimentos que necesita para lograr un crecimiento perfecto. Allí, se transforma en pupa y luego en mosca, que atraviesa la cáscara, la cáscara del huevo que acaba de ser su casa, y que ya no sería para ella más que una prisión. El naturalista, asombrado, vio salir estas pequeñas moscas de los huevos, donde esperaba ver el nacimiento de las orugas.

---

[118] Voyez Réaumur, t. II, p. 413.

[119] Voyez Rèaumur. t. VI, p. 295.

« Au mois de juillet, dit de Geer, on m'apporta une feuille d'osier chargée d'œufs qu'on ne pouvait méconnaître pour être ceux d'un papillon; il y en avait plus de soixante, et ils étaient appliqués contre la surface inférieure de la feuille... Je gardai cette feuille, et j'eus lieu de m'en savoir bon gré, car le 17 du même mois, il sortit de chaque œuf, sans en excepter un seul, un petit ichneumon. » [120]

Je quitte à regret tant et de si curieuses recherches de tant d'habiles observateurs des deux derniers siècles; et je viens à des travaux plus récents, à des travaux de notre époque.

Je ne fais plus qu'une remarque.

On a cru, pendant vingt siècles, à la *génération spontanée* des insectes, sans réfléchir que, seule et prise à part, la *génération spontanée* n'eût servi à rien. Sans les prévisions instinctives des mères, le nouvel être, inopinément arrivé au monde, eût manqué de tout, et eût nécessairement péri. C'est là que sont les hautes vues, les grands rapports, et que se révèle cette MAIN infaillible, toujours présente, quoique jamais assez remarquée, de Celui qui fait tout et rien qu'avec dessein. [121]

« En julio, dice De Geer, me trajeron una hoja de mimbre cargada de huevos que no se podían confundir por tratarse de los de una mariposa; había más de sesenta, y se encontraban aplicados contra la superficie inferior de la hoja ... Guardé esta hoja, y tenía razón en considerarme afortunado, porque 17 del mismo mes, salió de cada huevo, sin una sola excepción, un pequeño icneumónido. »

Dejo con pesar tantas y tan curiosas investigaciones de tan cualificados observadores de los dos últimos siglos, y voy a relatar un trabajo más reciente, obra de nuestro tiempo.

Tan sólo un comentario.

Se creyó durante veinte siglos, en la *generación espontánea* de los insectos, sin pensar que sola y tomada a parte, la *generación espontánea* no hubiera servido para nada. Sin las previsiones instintivas de las madres, el nuevo ser, inesperadamente llegado al mundo, hubiese carecido de todo, y hubiese perecido necesariamente. Es aquí donde se encuentran los puntos de vista elevados, las grandes relaciones, y en donde se pone de manifiesto la MANO infalible, siempre presente, aunque nunca bastante destacada, de aquel quien todo y todo con un propósito.

---

[120] De Geer : Mémoires pour servir à l'histoire des insectes, t. I, p. 93.

[121] La Fontaine.

Voltaire dit que Newton démontre Dieu. Un Réaumur, un Swammerdam le démontrent aussi. « En apercevant par la pensée, dit encore Voltaire, des rapports infinis dans toutes les choses, je soupçonne un ouvrier infiniment habile. » [122]

Voltaire dijo que Newton demuestra a Dios. Un Reaumur, un Swammerdam también lo demuestran. « Viendo mediante el pensamiento, dice Voltaire, infinitas relaciones en todas las cosas, sospecho un hacedor infinitamente inteligente. »

[122] Lettre à Diderot, t. LV, p. 282 (édition Beucholj.

VIII

DE LA GÉNÉRATION DES VERS PARASITES

(EXPÉRIENCES DE M. VAN BENEDEN)

VIII

DE LA GENERATION DE LOS GUSANOS PARASITOS

(EXPERIMENTES DE M. VAN BENEDEN)

Dès la fin du xvne siècle, Redi avait fait voir, dans son livre *sur les animaux vivants qui se trouvent dans les animaux vivants*[123], que ces vers *intérieurs*, ces vers *intestinaux*, ces vers *parasites*, dont on ne manquait pas alors d'attribuer l'origine à la *génération spontanée*, étaient pourvus d'organes distincts pour les deux sexes; qu'il y avait donc des mâles et des femelles; qu'ils s'accouplaient; qu'ils produisaient des œufs, et beaucoup d'oeufs.

Redi n'avait guère pu étudier encore qu'une partie de ces vers, ceux dont l'organisation est la mieux marquée, les *lombrics*, les *ascarides*, les *strongles*, etc. [124] M. Van Beneden a étudié tous les vers *intérieurs*, tous les vers *intestinaux*, jusqu'à ceux dont la structure paraît la plus simple. Il a trouvé dans tous des organes génitaux, et même, chose assez remarquable, des organes génitaux très-compliqués.

Mais ce n'est pas pour des faits de ce genre, pour des faits auxquels on pouvait plus ou moins s'attendre, que je cite ici M. Van Beneden.

Desde finales del siglo XVII, Redi demostró en su libro *sobre los animales vivos que se encuentran en los animales vivos*, que estos gusanos internos, los gusanos intestinales, los gusanos parásitos, cuyo origen se suponía en la generación espontánea, estaban dotados de órganos independientes para ambos sexos, y que por lo tanto, había machos y hembras; que se apareaban, que ponían huevos, y muchos huevos.

Redi apenas había podido estudiar todavía más que una parte de estos gusanos, aquellos cuya organización es más marcada, *lombrices, ascáridos, estróngilos*, etc. El Sr. Van Beneden ha examinado todos los gusanos *interiores*, todos los gusanos *intestinales*, hasta aquellos cuya estructura parece más simple. El ha encontrado en todos ellos órganos genitales, e incluso algo bastante notable, órganos genitales muy complicados.

Pero no es por este tipo de hechos, que pueden ser más o menos esperados, por lo que cito aquí al Sr. Van Beneden.

---

[123] Osservazioni intorno agli animali viventi che si trovano negli animali viventi, 1084.

[124] Osservazǐoni, ecc, p. 34 et suivantes.

Il y a quelques années à peine, on ne connaissait rien de la transmigration et des métamorphoses des vers parasites. Personne ne se doutait qu'un ver parasite fût destiné à passer une partie de sa vie dans un animal, et l'autre partie dans un autre; qu'il fallait même qu'il en fût ainsi pour que ce ver pût parcourir toutes les phases de son développement; qu'une de ces phases, celle de l'état fœtal, devait se passer dans un animal herbivore, et l'autre phase, celle de l'état adulte, dans un animal Carnivore.

C'est ce que M. Van Beneden vient de nous apprendre. Il nous fait voir que certains parasites passent d'un *animal* à un autre; qu'il faut même qu'ils changent d'animal, comme *d'hôtellerie* (c'est un mot que je lui emprunte); et qu'enfin cette *transmigration*, ce passage d'un animal à un autre ne se fait pas d'une manière accidentelle, fortuite, mais régulièrement, et d'après des lois fixes.

Règle générale, tout animal a ses parasites; mais, indépendamment de leurs parasites propres, plusieurs animaux, particulièment les herbivores (lesquels sont destinés à servir de pâture aux carnivores), logent et nourrissent des vers qui, à rigoureusement parler, ne sont pas à eux, et ne font que passer par eux pour arriver aux carnivores auxquels ils appartiennent véritablement et définitivement.

Hace tan sólo unos pocos años, no sabíamos nada de la transmigración y de las metamorfosis de los gusanos parásitos. Nadie sospechaba que un gusano parásito estaba destinado a pasar parte de su vida en un animal, y otra parte en otro; que era necesario incluso, que así fuese para que este gusano pudiese recorrer todas las fases de su desarrollo; que una de estas etapas: el estado fetal, tenía que ocurrir en un animal herbívoro y la otra fase, la de un adulto, en un animal carnívoro.

Esto es lo que el Sr. Van Beneden acaba de enseñarnos. Nos hace ver que algunos parásitos pasan de un *animal* a otro, necesitando incluso cambiar de animal, como de *hotel* (expresión que tomo prestada de él), y que, finalmente, ésta *transmigración*, el paso de un animal a otro, no se hace de una manera accidental, fortuito, sino de manera constante, y de acuerdo con las leyes fijas.

Por lo general, cada animal tiene sus propios parásitos, pero independientemente de sus propios parásitos, muchos animales, particularmente los herbívoros, (los que van a servir de alimento a los carnívoros), alojan y alimentan a gusanos que, estrictamente hablando, no son suyos, y sólo pasan a través de ellos para llegar a los carnívoros a los que pertenecen verdaderamente y definitivamente.

Ces vers restent toujours imparfaits, ne deviennent jamais *adultes* dans l'animal herbivore; ils ne deviennent parfaits et *adultes* que dans l'animal Carnivore. C'est ainsi que le lapin loge et nourrit transitoirement le *cysticerque pisiforme*, qui ne deviendra adulte que dans le chien; la souris, le *cysticerque fasciolaris*, qui ne deviendra adulte que dans le chat; le mouton, le *cænure*, qui ne deviendra adulte que dans le loup, que dans le chien, etc.

Tout ver parasite, du groupe de ceux dont je parle ici, passe par trois phases. La première est celle de *l'œuf*. l'œuf, pondu dans l'intestin du Carnivore, est expulsé, rejeté avec les excréments. La seconde phase est celle de *l'embryon*: l'œuf, avalé par l'herbivore, qui le trouve sur l'herbe qu'il broute, éclôt dans l'intérieur de l'herbivore, et l'embryon y prend son premier développement, son développement embryonnaire; c'est alors un *cysticerque*, un *cænure*. La troisième phase est celle de *adulte*: le *cysticerque* ou le *cænure*, avalé par le Carnivore, qui dévore l'herbivore, prend, dans ce Carnivore, son dernier et définitif développement, et c'est maintenant un *ténia*.

Le même ver est donc successivement *œuf pondu* et rejeté à l'extérieur; *cysticerque* ou *cænure*, dans l'animal herbivore; et *ténia* dans l'animal Carnivore.

Estos gusanos permanecen siempre imperfectos, nunca se convierten en adultos en el animal herbívoro; sólo se convierten en perfectos y adultos en el animal carnívoro. Así es como el conejo aloja y alimenta transitoriamente a la *cisticerca pisiforme*, que se convierte en adulto en el perro; el ratón, a la *cisticerca fasciolaris*, que se convierte en un adulto en el gato; las ovejas, el *cenuro*, que se convierte en un adulto en el lobo, el perro, etc.

Cualquier gusano parásito, del grupo de los que hablo, pasa por tres fases. La primera es la de *huevo*: huevo, colocado en el intestino de un Carnivore, es expulsado, despedido con las heces. La segunda fase es la del *embrión*: el huevo, tragado por el herbívoro, que lo encuentra al pastar en la hierba, eclosiona en el interior de los herbívoros, y el embrión comienza su primer desarrollo, el desarrollo embrionario; entonces es un *cisticerca*, un *cenuro*. La tercera fase es la de *adulto*: el *cisticerca* o el *cenuro*, tragado por el carnívoro, que come al herbívoro, toma, en este carnívoro, su último desarrollo y final, y ahora es una *tenia*.

El mismo gusano es sucesivamente *huevo puesto* y descargado al exterior; *cisticerca* o *cenuro* en el animal herbívoro, y *tenia* en animales carnívoros.

Le mouton avale l'œuf du *ténia*, qui a été rejeté par le chien sur l'herbe qu'il broute; cet œuf, éclos dans l'intestin du mouton, s'y transforme en *cœnure*, qui, petit à petit, gagne le cerveau du mouton et lui donne le *tournis*. Là, si le mouton n'est pas dévoré par un Carnivore, le *cœnure* reste *cœnure* et ne poursuit pas le cours de son développement.

Mais si le cerveau du mouton est dévoré par le chien ou par le loup, le *cœnure* de ce cerveau passe dans l'intestin du chien ou du loup, et s'y transforme en *ténia*, en ver *solitaire*.

La oveja se tragar el huevo de la *tenia*, que fue rechazada por el perro en la hierba en donde pasta; el huevo eclosionado en el intestino de la oveja se transforma en *cenuro*, que, poco a poco, alcanza el cerebro de la ovejas y le da el *vértigo*. Aquí, si la oveja no es comida por un carnívoro, el *cenuro* permanece como tal *cenuro* y no sigue el curso de su desarrollo.

Pero si el cerebro de las ovejas es comido por el perro o el lobo, entonces el *cenuro* pasa de este cerebro al intestino del perro o lobo, y ahí se transforma en *tenia*, o *solitaria*.

« Le lapin, dit M. Van Beneden, trouve les œufs sur l'herbe qu'il broute; un embryon à six crochets en sort et pénètre dans ses tissus; cet embryon est conformé pour fouïr les organes comme la taupe creuse le sol, et pour pénétrer par des galeries qui se forment et se détruisent immédiatement. C'est une aiguille d'acupuncture qui passe. Arrivé au viscère qui doit le nourrir, les crochets, devenus inutiles, tombent, et on voit apparaître une vésicule plus ou moins grande... Cette vésicule ne peut se développer davantage dans le lapin, et meurt avec lui, s'il n'est point dévoré. Au contraire, dès que cette vésicule, qu'on appelle *cysticerque*, est introduite dans l'estomac du chien, une nouvelle activité se manifeste, le ver s'évagine, passe de l'estomac dans l'intestin, s'attache à ses parois, pousse de nombreux segments, qui sont autant de vers complets et adultes, et l'ensemble présente cette forme rubanaire et segmentée qu'on désigne communément sous le nom de *ver solitaire*. Le *ver solitaire* proprement dit de l'homme (*tænia solium*) vient du *cysticerque celluleux* du cochon. L'homme a, d'ailleurs, plusieurs autres ténias, mais on ne connaît encore l'origine que de celui-là. » [125]

« El conejo, dice Van Beneden, encuentra los huevos en la hierba en que pasta; un embrión de seis ganchos emerge de ella y penetra en sus tejidos; el embrión está preparado para excavar en los órganos como el topo excava en el suelo, y para penetrar por galerías que se forman y se destruyen inmediatamente. Se trata como si pasara una aguja de acupuntura. Llegado a la víscera que le debe alimentar, los ganchos, vueltos inútiles, caen, y se ve aparecer una vesícula más o menos grande... Esta vesícula no puede desarrollarse mucho más en el conejo, y muere con él, si es que éste no llega a ser devorado. En cambio, tan pronto como la vesícula, llamado *cisticerca*, se introduce en el estómago de un perro, se produce una nueva actividad, el gusano se evagina, pasa desde el estómago hasta el intestino, se une a sus paredes, impulsa numerosos segmentos, todos los cuales son en sí gusanos completos y adultos, y todo en su conjunto tiene esta forma de cinta segmentada que se conoce comúnmente como la *solitaria*. La *solitaria* propiamente dicha del hombre (*tænia solium*) procede del *cisticerco celular* del cerdo. El hombre, por otra parte, tiene varias otras tenias, pero por ahora sólo sabemos el origen de ésta. »

---

[125] De l'homme et de la perpétuation des espèces dans les rangs inférieurs, p. 39. (1859.)

« Ce prétendu *ver solitaire* est donc une colonie composée d'une première sorte d'individus, la tête, qui s'est développée dans le lapin, et d'une seconde sorte, les cucumérins ou segments, qui se forment dans l'homme, et qui réunissent les deux sexes. » [126]

Personne, avant M. Van Beneden, n'avait soupçonné ni ces *métamorphoses*, qui commencent dans un animal pour se compléter dans un autre, ni ces *transmigrations* obligées, sans lesquelles un ver ne pourrait passer de son état embryonnaire à son état adulte; ni cette loi générale qui veut que tous les vers *vésiculaires* des herbivores deviennent des vers *rubanaires* dans les carnivores.

Avant M. Van Beneden, le *cœnure* du mouton et le *tænia* du chien (*tænia cœnurus*) étaient regardés comme deux vers distincts; c'est le même ver sous deux formés, ou plutôt, à deux âges différents. Il faut en dire autant du *cysticerque* du lapin et du *ténia serrata*, en lequel il se transforme; on avait fait de ce *cysticerque* et de ce *ténia* deux espèces distinctes: c'est la même espèce à deux âges divers. On avait fait, du *cysticerque fasciolaris* de la souris, et du *ténia crassicollis*, en lequel il se transforme dans le chat, deux espèces distinctes; ce ne sont que deux âges successifs de la même espèce, etc.

« Esta pretendida *solitaria* es por lo tanto una colonia formada de una primera clase de individuos, la cabeza, que se desarrolló en el conejo, y una segunda clase, cucumerinos o segmentos que se forman en el hombre y que poseen ambos sexos. »

Nadie, antes de que el Sr. Van Beneden, había sospechado estas *metamorfosis*, que comienzan en un animal para termianr en otro, ni ésta *transmigración* forzada, sin la cual un gusano no podría pasar de su estado embrionario a su estado adulto; ni tampoco esta ley general que quiere que todo gusano *vesicular* de los herbívoros se convierta en forma de *cinta* en los carnívoros.

Antes de que el señor Van Beneden, el *cœnuro* de la oveja y la *tenia* del perro (*tænia cœnurus*) fueron considerados como dos gusanos diferentes; pero es el mismo en dos versiones distintas, o mejor dicho, en dos edades diferentes. Hay que decir lo mismo de la *cisticerca* del conejo y de la *tenia serrata*, en el que se convierte; habíamos hecho de esta *cisticerca* y de la *tenia* dos especies distintas: se trata de la misma especie en dos épocas diferentes. Habíamos hecho, de la *cisticerca fasciolaris* del ratón y de la *tenia crassicollis*, en la que se convierte en el gato, dos especies distintas; son sólo dos edades sucesivas de la misma especie, etc.

---

[126] Le ver solitaire de l'homme (tœnia solium), vient du cysticerque celluleux du cochon. C'est ce ver qui produit, sur le porc, la maladie dégoûtante qu'on nomme ladrerie; il pénètre jusque dans le cœur, dans les yeux, etc.

Je m'arrête, et pourtant que de détails pleins d'intérêt il me resterait à indiquer encore ! Ce pas, que les Redi, les Swammerdam, les Malpighi, les Réaumur avaient fait, dans les deux derniers siècles, touchant la génération des *insectes*, M. Van Beneden vient de le faire touchant la génération des *vers parasites*. Il ne restait plus à le faire que pour les infusoires. M. Balbiani l'a fait. Voyez le chapitre qui suit.

Me detengo, y sin embargo, cuántos detalles plenos de interés me faltarían por indicar! El paso que los Redi, Swammerdam, Malpighi, Reaumur habían dado en los dos últimos siglos, en lo tocante a la generación de los *insectos*, el Sr. Van Beneden acaba de darlo en relación con la generación de *gusanos parásitos*. No quedaba sino hacerlo para los infusorios. Balbiani lo hizo. Vean el capítulo siguiente.

IX

DE LA GÉNÉRATION DES INFUSOIRES

(EXPÉRIENCES DE M. BALBIANI)

IX

DE LA GENERACIÓN DE LOS INFUSORIOS

(EXPERIMENTOS DE M. BALBIANI)

M. Balbiani a fait ici, comme je viens de le dire, ce que M. Van Beneden avait fait pour les *parasites*, ce que Redi et Swammerdam avaient fait pour les *insectes*: il a mis dans tout son jour la génération réelle et effective des *infusoires*.

On avait remarqué, depuis longtemps, dans le corps des *infusoires*, deux petites masses, deux espèces de glandes, dont l'une était appelée *nucleus*, et l'autre *nucléole*. Qu'était-ce que ces deux corps? L'un, le *nucleus*, est *l'ovaire*; et l'autre, le *nucléole*, est le *testicule*.

Les *infusoires* ont donc à la fois un organe mâle et un organe femelle. Bien plus, ils ont des sexes distincts, c'est-à-dire portés sur deux individus différents; enfin, ils s'accouplent, et ils produisent des œufs. Leur génération est donc effective, complète, pareille à celle des animaux les plus parfaits ; et il n'y a point de *génération spontanée*.

Balbiani ha hecho aquí, como he dicho, lo que el Sr. Van Beneden había hecho para los *parásitos*, lo que Redi y Swammerdam habían hecho para los *insectos*: ha expuesto a la luz del día la generación real y efectiva de los *infusorios*.

Habíamos observado durante mucho tiempo en el cuerpo de *infusorios*, dos pequeñas masas, dos tipos de glándulas, una de las cuales fue llamada *núcleo*, y la otra *nucleolo*. ¿Qué eran estos dos cuerpos? Uno, el *núcleo*, es el *ovario*; y el otro, el *nucleolo* es el *testículo*.

Los *infusorios* por tanto, tienen a la vez un elemento macho y un elemento hembra. Además, tienen sexos separados, es decir, presentados en dos individuos diferentes; y finalmente, se aparean, y producen huevos. Su generación es, por lo tanto, eficaz, completa, al igual que de los animales más perfectos, y no hay *generación espontánea*.

De tous les phénomènes qui s'observent dans les corps vivants, nul ne se présente avec des caractères plus uniformes que le phénomène relatif à la propagation. Les végétaux se reproduisent comme les animaux. L'appareil reproducteur est fait sur le même modèle, dans les deux règnes. Il y a, dans les végétaux comme dans les animaux, des organes mâles et des organes femelles: d'une part, des *ovaires* et des *testicules*; de l'autre, des *pistils* et des *étamines*; il y a des *sexes*, tantôt portés sur le même individu, tantôt portés sur des individus séparés; il y a des *œufs* dans un règne comme dans l'autre: la *graine* du végétal répond, sous tous les rapports, à *l'œuf* de l'animal.

Ce n'est pas tout. De même qu'il y a, pour le végétal, deux manières de se reproduire: la *graine* et la *bouture*; il y a aussi pour l'animal, du moins pour certains animaux, deux façons de se reproduire: *l'œuf* et la *scission*.

Avant Trembley, on ne connaissait point la génération *scissipare* des animaux. Il est le premier qui ait reconnu qu'indépendamment de ses *œufs*, le polype se reproduisait aussi par *boutures*. L'histoire naturelle compte peu de travaux aussi mémorables que ceux de Trembley sur le polype. Elle n'en compte aucun qui ait plus étendu les vues des naturalistes.

De todos los fenómenos que se observan en los cuerpos vivos, ninguno se presenta con caracteres más uniformes que el fenómeno de propagación. Las plantas se reproducen como animales. El sistema de reproducción se basa en el mismo modelo en ambos reinos. Hay, tanto en plantas como en animales, órganos masculinos y órganos femeninos ; por un lado, los *ovarios* y los *testículos* ; por otro los *pistilos* y los *estambres*; existen los *sexos*, sea portados en el mismo individuo, o sobre individuos separados; hay *huevos* tanto en un reino como en el otro: la *semilla* de la planta responde, en todos los aspectos al *óvulo* del animal.

Esto no es todo. Al igual que para la planta hay dos formas de reproducirse: por *semillas* y por *esquejes*; también para el animal, al menos para algunos animales, hay dos formas para reproducirse: por *huevos* y por *división*.

Antes de Trembley, no se conocía la división de los animales por *división*. Él fue el primero en reconocer que, con independencia de sus *huevos*, el pólipo se reproduce también por *esquejes*. La historia natural tiene pocos trabajos tan memorables como las de Trembley en el pólipo. No tiene a nadie que haya expandido más los puntos de vista de los naturalistas.

L'infusoire a, comme le polype, les deux modes de reproduction : il se reproduit par scission et par des œufs. On savait, depuis longtemps, que les infusoires se multiplient par division spontanée, par la production de bourgeons qui se détachent du corps. Mais, quant au mode le plus important de reproduction, quant à la génération par des germes fécondés, par des œufs, on n'en savait rien. Il n'y a guère plus de deux ans que les conjectures auxquelles on était réduit à cet égard, ont fait place à des notions positives.

Ehrenberg, le célèbre naturaliste Ehrenberg, prenait les infusoires pour des hermaphrodites complets, c'est-à-dire pour des hermaphrodites dont chaque individu pouvait se suffire. Il considérait comme un fait de l'organisme la division longitudinale que laissent entre eux les deux corps rapprochés pendant l'accouplement des infusoires.

El infusorio tiene, como los pólipos, los dos modos de reproducción: se reproduce por división y huevos. Se sabía hace mucho tiempo que los infusorios se multiplican por división espontánea mediante la producción de brotes que se desprenden del cuerpo. Pero en cuanto a el modo más importante de reproducción, en cuanto a la generación por medio de gérmenes fecundados, por huevos, no se sabía nada. Hace un poco más de dos años que las especulaciones dominantes en este sentido, han dado paso a las ideas positivas.

Ehrenberg, el famoso naturalista Ehrenberg, tomó los infusorios como hermafroditas completos, es decir, como si fuesen hermafroditas que podrían ser suficientes individualmente. Consideraba como un hecho del organismo la división longitudinal que dejan entre ellos los dos cuerpos aproximados durante el apareamiento en los infusorios.

Considérant donc les infusoires comme des hermaphrodites complets, Ehrenberg refuse d'admettre chez eux aucun accouplement, et ne leur attribue d'autre reproduction que la reproduction scissipare.

L'hermaphrodisme peut être complet ou incomplet. Dans l'hermaphrodisme complet, chaque individu a un organe femelle et un organe mâle, et chacun se suffit à lui seul; chacun se féconde lui-même; c'est le cas de l'huître parmi les mollusques; dans l'hermaphrodisme incomplet, il y a aussi un organe mâle et un organe femelle, mais l'individu ne se féconde pas lui-même; il faut qu'il y ait deux individus qui se réunissent, il faut qu'il y ait accouplement, c'est-à-dire que l'organe femelle de l'un réponde à l'organe mâle de l'autre, comme, par exemple , dans l'escargot parmi les mollusques.

Considerando, por lo tanto, a los infusorios como hermafroditas completos, Ehrenberg se niega a admitir quew entre ellos ocurra cualquier acoplamiento, y no les atribuye otra reproducción que la reproducción por escisión.

El hermafroditismo puede ser completo o incompleto. En el primero, cada individuo tiene un órgano femenino y un órgano masculino, y cada uno por sí solo es suficiente; cada indivíduo se fecunda a sí mismo ; es el caso de las ostras entre los moluscos; en el hermafroditismo incompleto también hay un órgano masculino y un órgano femenino, pero el individuo no se fertiliza; es necesario que haya dos indivíduos que se junten, debe haber unión, es decir, es decir, el órgano femenino de uno debe responder al órgano masculino del otro, tal y como, por ejemplo, ocurre entre los moluscos en los caracoles.

Cet hermaphrodisme incomplet est celui des infusoires: chaque individu a un organe mâle et un organe femelle, mais il ne peut se féconder lui-même; il a besoin d'un autre individu qui lui serve tout à la fois de mâle et de femelle, comme lui-même en sert à l'autre.

Lorsque M. Balbiani fit connaître, en 1858, ses premiers travaux, la question était entièrement neuve. Aujourd'hui elle est résolue.

Les infusoires se propagent, comme tous les autres animaux, à l'aide de sexes bien caractérisés. Ils cessent de faire exception à la loi commune; et l'on peut aujourd'hui proclamer, dans toute son extension, le fameux axiome d'Harvey: *Omne vivum ex ovo.*

Este es el hermafroditismo incompleto de los infusorios: cada individuo tiene un órgano masculino y un órgano femenino, pero cada individuo no puede fertilizarse a sí mismo; necesita a otro individuo que le sirva a la vez de macho y de hembra, como él mismo servirá al otro.

Cuando Balbiani dió a conocer en 1858 sus primeras obras, la pregunta era completamente nueva. Hoy en día se ha resuelto.

Los infusorios se propagan, al igual que todos los demás animales, utilizando sexos bien caracterizados. Dejan de ser una excepción a la ley común ; y ahora podemos proclamar en toda su extensión, el famoso axioma Harvey: *omne ovo ex Vivum.*

X

DE LA PRÉEXISTENCE DES GERMES

ET DE L'ÉPIGÉNÈSE

(MES EXPÉRIENCES SUR LES MÉTIS)

X

DE LA PREEXISTENCIA DE LOS GÉRMENES
Y DE LA EPIGENESIS
(MIS EXPERIMENTOS SOBRE LOS MESTIZOS)

La génération spontanée n'est qu'une chimère. Ce point établi, restent deux hypothèses: la préexistence et l'épigénèse. Ces deux hypothèses sont aussi peu fondées l'une que l'autre.

La préexistence des germes vient de Leibnitz, cet infatigable inventeur d'expédients en philosophie.

Quand Leibnitz ne peut résoudre une difficulté, il la tourne. Ne pouvant donc concevoir la formation des êtres, il imagine qu'ils étaient tout formés. Le dernier individu de chaque espèce était contenu en germe dans le premier individu: le dernier animal dans le premier, le dernier homme dans le premier homme. C'était un emboîtement infini de germes.

De Leibnitz, la préexistence passa à Bonnet, de Bonnet elle passa à Haller, qui, d'abord, avait été pour l'épigénèse.

La generación espontánea es una quimera. Establecido este punto, quedan dos hipótesis: la preexistencia y epigénesis. Estas dos hipótesis son tan infundadas la una como la otra.

La preexistencia de los gérmenes procede de Leibnitz, este incansable inventor de expedientes de la filosofía.

Cuando Leibnitz no puede resolver un problema, le da la vuelta. No pudiendo concebir la formación de los seres, se imaginó que estaban completamente formados. El último individuo de cada especie se contenía en germen en el primer individuo: el último animal en el primero, el último hombre en el primer hombre. Un empaquetamiento infinito de gérmenes.

De Leibnitz, la preexistencia pasó a Bonnet, de Bonnet a Haller; quien, al principio, era partidario de la epigénesis.

Le dernier partisan de la préexistence des germes a été Cuvier, non qu'il vît de ce côté-là quelque raison bien déterminante, mais parce qu'il avait horreur (c'est le mot dont il s'est servi vingt fois avec moi) de l'épigènèse, cette formation par morceaux d'un organisme clos et un, et que son grand esprit lui démontrait avoir dû être formé d'ensemble.

L'épigènèse vient d'Harvey: suivant de l'œil le développement du nouvel être sur les biches de Windsor, il vit chaque partie successivement apparaître, et prenant le moment de l'apparition pour le moment de la formation, il imagina l'épigénèse. De Harvey, l'épigénèse est passée directement dans l'École, où elle règne exclusivement.

La préexistence est l'hypothèse de l'esprit seul; L'épigénèse est l'hypothèse de l'œil seul.

Mes expériences sur les métis ont démontré que le nouvel individu, l'individu produit, le métis, est formé de deux moitiés, de deux parts égales, ou à peu près égales: l'une du mâle, l'autre de la femelle.

Évidemment, si le germe est préformé, le germe, qui est dans le chien, est tout chien.

El último partidario de la preexistencia de los gérmenes fue Cuvier, no es que hubiese visto alguna razón bien determinante por esta parte, sino por tener horror (palabra de la que él mismo se sirvió veinte veces conmigo) de la epigenesis, esta formación por fragmentos de un organismo íntegro y único, que su gran espíritu le demostraba que se había formado en su conjunto.

La epigénesis viene de Harvey: siguiendo con sus propios ojos el desarrollo de un nuevo ser en las ciervas del Windsor, vio aparecer sucesivamente cada parte, y tomando el momento de la aparición por el momento de la formación, se imaginaba la epigenesis. De Harvey, la epigenética pasó directamente a la escuela, donde reina exclusivamente.

La preexistencia es la hipótesis de la mente sola. La Epigenética es la hipótesis de la vista sola.

Mis experimentos sobre los mestizos han demostrado que el individuo nuevo, el individuo producto, el mestizo, se compone de dos mitades, iguales, o casi iguales: una del macho, la otra de la hembra.

Obviamente, si el germen está preformado, el germen que se encuentra en el perro, es todo perro.

Cependant, lorsque j'examine ce germe développé, je le trouve moitié chacal et moitié chien.

Comme que l'on prenne la chose, à quelque subtilité qu'on s'accroche, dès qu'il y a du chacal dans le germe venu du chien, le germe n'était pas préformé dans le chien.

Je prends l'exemple de mes expériences sur les métis de chien et de chacal. Mes expériences sur les métis de chien et de loup donnent les mêmes résultats. J'en dis autant de celles qui se font tous les jours sur les métis de cheval et d'âne: il est impossible de ne pas reconnaître, dans le mulet ou dans le bardot, un mélange à peu près égal, d'âne et de cheval.

La préexistence des germes n'est donc pas fondée.

Sin embargo, cuando miro a este germen desarrollado, lo encuentro mitad chacal y mitad perro.

De cualquier manera que se tomen las cosas, con cualquier sutileza que nos adheramos, desde el momento en el que hay algo del chacal en el germen venido el perro, la semilla no se encontraba preformada en el perro.

He tomado el ejemplo de mis experimentos con mestizos de perro y chacal. Mis experimentos con mestizos de perro y lobo dan los mismos resultados. Lo mismo digo de los que se hacen a diario con los mestizos entre el caballo y el burro: es imposible no reconocer en la mula o burdégano una mezcla más o menos igual, burro y caballo.

La preexistencia de los gérmenes es, por lo tanto, infundada.

Passons à L'épigénèse : l'est-elle plus? Non, sans doute.

Le nouvel être se forme tout d'un coup, tout d'ensemble, instantanément: il ne se forme point parties par parties, et en divers temps. Il se forme à la fois; il se forme à l'instant unique, indivis, où se fait la conjonction du mâle et de la femelle.

Passé l'instant de la conjonction, le mâle et la femelle n'ont plus de rapports ensemble; et cependant le nouvel être, le métis, est formé moitié de l'un et moitié de l'autre.

L'épigénèse n'est donc pas fondée.

J'ai déjà dit cela bien des fois; mais pour avoir raison contre la routine, il faut se répéter sans cesse.

La question des générations spontanées était à peu près oubliée depuis Redi.

Elle s'est tout à coup ranimée en 1858.

Ce fut M. Pouchet, directeur du Muséum d'histoire naturelle de Rouen, qui donna le signal. A son exemple, une foule de naturalistes s'empressèrent et s'évertuèrent; c'était, pendant un moment, à qui présenterait à l'Académie le plus d'êtres nés spontanément.

En cuanto a Epigenética: ¿está ella más fundada? No, ciertamente no.

El nuevo ser se forma de repente, todo a la vez, al instante: no se forma por piezas, ni en tiempos diversos. Se forma de una vez; se forma en el momento único e indiviso, que es cuando tiene lugar la conjunción de macho y hembra.

Pasado el momento de la conjunción, el macho y la hembra no tienen relaciones entre sí, y sin embargo, el nuevo ser, el mestizo está formado a medias de uno y del otro.

La epigenética es, pues, infundada.

Lo he dicho muchas veces, pero para tener la razón contra la rutina hay que repetirse indefinidamente.

La cuestión de la generación espontánea fue casi olvidada desde Redi.

Ella revivió repentinamente en 1858.

Fue el señor Pouchet, director del Museo de Historia Natural de Rouen, quien dio la señal. En su ejemplo, una multitud de naturalistas se apresuraró y se esforzó; era, por un momento, por ver quien presentaría a la Academia más seres nacidos espontáneamente.

L'effervescence des esprits ne m'effraya point. J'engageai tout simplement l'Académie à proposer la question de la génération spontanée pour sujet de l'un de ses prix en 1860.

J'espérais avec raison, comme l'événement l'a prouvé, que si jamais un siècle semblait destiné à résoudre cette grande question, c'était le nôtre. Il est impossible, me disais-je, que dans un siècle où l'art des expériences est porté si loin, quelque heureux expérimentateur ne s'empare des générations spontanées, et du moins ne jette sur elles un nouveau jour.

Ce que je prévoyais est arrivé; il est même arrivé mieux.

M. Pasteur n'a pas seulement éclairé la question, il l'a résolue.

Pour avoir des animalcules, que faut-il si la génération spontanée est réelle? De l'air et des liqueurs putrescibles. Or, M. Pasteur met ensemble de l'air et des liqueurs putrescibles, et il ne se produit rien.

La génération spontanée n'est donc pas. Ce n'est pas comprendre la question que de douter encore.

FIN.

La efervescencia de los espíritus me asusta poco. Convencí a la Academia para proponer simplemente la cuestión de la generación espontánea como tema de uno de sus premio en 1860.

Yo esperaba con razón, ya que el evento lo probó, que si alguna vez un siglo parecía destinado a resolver esta importante cuestión, era el nuestro. No es posible, pensé, que en una época en que el arte de los experimentos se lleva tan lejos, no haya algún experimentador afortunado que se encargue de las generaciones espontáneas, y por lo menos no lance sobre ellas una nueva luz.

Lo que yo esperaba ha sucedido, incluso mejor que nunca.

Pasteur no solamente aclaró el asunto, lo resolvió.

Para obtener animálculos, que sería necesario si la generación espontánea fuera real? Aire y licor putrescible. Sin embargo, Pasteur juntó aire y licor putrescible, y no se produjo nada.

La generación espontánea no existe. Seguir dudando es no entender la cuestión.

FIN.

RESPUESTA DE HUXLEY AL LIBRO DE FLOURENS

FIGURA 3: Thomas Henry Huxley (1825-1895). Secretario de la Royal Society entre 1871 y 1880 y su presidente entre 1880 y 1884.

RESPUESTA DE HUXLEY AL LIBRO DE FLOURENS

Thomas Henry Huxley, popularmente conocido como « El Bulldog de Darwin », escribió un artículo en *The Natural History Review* de 1865, titulado "*Criticisms on The Origin of Species (1864)* " que se reproduce íntegramente en su versión original en inglés y en español en el apéndice 3 (Tomado de the Huxley file : http://aleph0.clarku.edu/huxley/). El artículo se encuentra asimismo en Internet en El Proyecto Gutenberg (http://www.gutenberg.org/files/2930/2930-h/2930-h.htm).

Huxley responde a los que él llama los dos criticismos más elaborados del año (*the most elaborate criticisms*) que son, entre ellos, de muy diferente mérito, *very widely different merit.* Enseguida da a entender cuál de ellos es, a su parecer, el bueno, el de mayor mérito, y cuál el otro, el malo o de mérito inferior: *the one by Professor Kolliker, the well-known anatomist and histologist of Wurzburg; the other by M. Flourens, Perpetual Secretary of the French Academy of Sciences.* El Profesor Kolliker es un anatomista e histólogo bien conocido; Flourens, Secretario Perpetuo de la Academia de Ciencias. Curiosa manera de escribir porque Flourens también es a *well-known anatomist and neurologist,* incluso mejor conocido que Kolliker, y, como fundador de la neurología del cerebro, sus méritos no son menores que los de Kolliker. Inmediatamente comienza la crítica del ensayo de Kolliker a quien llama escritor completo y reflexivo, merecedor de la mayor consideración (*thoughtful and accomplished writer, worthy of*

195

the most careful consideration). Leyendo entre líneas se hace evidente que al llamar esto a uno de los dos autores con quienes va a enfrentarse, excluye indirectamente al otro de tales elogios. Pero no hace falta leer mucho entre líneas para ver el trato tan diferente que Huxley da a uno y otro autor. El ensayo de Kolliker ocupa algo más de doce páginas y a su réplica dedica Huxley la primera parte de su escrito que comprende cuatro mil veintinueve palabras. El libro de Flourens tiene ciento ochenta páginas y la réplica que de él hace Huxley comprende dos mil treinta palabras, es decir algo más de la mitad que la réplica anterior para comentar un texto que es diez veces más extenso.

Con el pretexto de que ambas críticas de la obra de Darwin se escribieron en 1864, Huxley presenta la respuesta al libro de Flourens detrás de su respuesta a la crítica de Kölliker. Al actuar así, está ya dejando la respuesta a Flourens semi-oculta en un segundo plano. Pero aquí no vamos a considerar la respuesta a Kölliker y nos centraremos exclusivamente en su respuesta a Flourens. Para ello recordemos que Flourens había basado su crítica del libro de Darwin en los siguientes puntos :

1. Abuso del Lenguaje.
2. Desconocimiento de aspectos elementales de Historia Natural.
3. Falta de originalidad : Darwin copia de Lamarck.
4. Eugenesia, esa peligrosa doctrina social que se encuentra detrás de la Supervivencia de los más aptos

1. Abuso del Lenguaje.

El abuso del lenguaje se pone de manifiesto desde las primeras páginas del libro de Flourens (ver nota al pie número 5 en la página 36):

Enfin l'auteur se sert partout d'un langage figuré dont il ne se rend pas compte et qui le trompe, comme il a trompé tous ceux qui s'en sont servis.

Là est le vice radical du livre.

Y un poco más adelante cuando habla de la personificación, o al explicar su interpretación correcta de la Selección Natural, *Eléction Naturelle* (ver notas 9 y 10 en la página 39). Flourens indica que El Origen de las Especies es pródigo en círculos viciosos y juegos de palabras describiéndolo con ironía como en la página 65 :

> *Ayudándose entre sí, lucha por la vida y la selección natural llevan todas las cosas a buen fin, pues aquí el buen fin, el fin deseable es que algunos individuos es decir los elegidos, mejoren, se perfeccionen y que los otros sean destruidos y aniquilados.*

O indicándolo directamente como veíamos en la p. 66:

Una vez establecido este principio, un poder electivo constantemente ocupado para elegir lo que es bueno y eliminar lo que es malo, no necesitábamos más que los materiales disponibles, y lo que los viene a ofrecer es la competencia vital, la lucha por la vida.

Explicada la lucha por la vida, volvamos a la selección natural. «Ahora, el señor Darwin dice, a la ley de la conservación de las variaciones favorables y la eliminación de las desviaciones nocivas, la llamaré selección natural.»

Veamos, una vez más, que es lo que puede haber de fundamento en lo que se llama selección natural.

La selección natural es, con otro nombre, la naturaleza. Para un ser organizado, la naturaleza es la organización, ni más, ni menos.

2. Desconocimiento de aspectos elementales de Historia Natural.

Flourens descubre este defecto y lo ilustra con algunos ejemplos. Así cuando indica que Darwin confunde variabilidad con mutabilidad (confond la *variabilité* avec *mutabilité* ; página 68 y nota al pie 39), al destacar que no sabe lo que es la especie (*M. Darwin ne connaît point le vrai caractère de l'espèce* ; p. 68) y que se trata de un concepto muy importante si el libro ha de tratar sobre el Origen de las Especies o al poner de manifiesto que el libro de ninguna manera trata sobre el Origen de las Especies. También al considerar las formas de transición.

3. La falta de originalidad: Darwin copia de Lamarck..

Darwin toma los datos y ejemplos de Lamarck sin citarlo adecuadamente. Así en la página 51 leemos:

Le fait est que Lamarck est le père de M. Darwin. Il a commencé son système.

Toutes les idées de Lamarck sont, au fond, celles de M. Darwin. M. Darwin ne le dit pas d'abord; il a trop d'art pour cela. Il effaroucherait son lecteur, et il veut le séduire; mais, quand il juge le moment venu, il le dit nettement et formellement.

4. Eugenesia. Esa peligrosa doctrina social que se encuentra detrás de la Supervivencia de los más aptos se describe en la página 65 :

S'entraidant ainsi, la concurrence vitale et l'élection naturelle mènent toutes choses à bonne fin ; car ici la bonne fin, la fin désirable, c'est que certains individus, les individus élus, s'améliorent, se perfectionnent, et que les autres soient détruits et anéantis.

« C'est une généralisation de la loi de Malthus, dit M. Darwin, appliquée au règne organique tout entier ».

Toda réplica que no considere estos cuatro aspectos centrales dejará indefenso el libro de Darwin frente a los sólidos argumentos de Flourens. Así pues, leamos la respuesta de Huxley y veamos seguidamente si responde o no para silenciar o al menos reducir el poder crítico de estos cuatro aspectos que acertadamente Flourens ha detectado en el libro de Darwin.

1. De esta curiosa manera se defiende Huxley del argumento 1 :

M. Flourens, no puede imaginar una selección inconsciente-es para él una contradicción en los términos. ¿Habrá visitado M. Flourens nunca, uno de los más bonitos lugares acuáticos de "la belle France", la Bahía de Arcachon? Si es así, probablemente han pasado por el distrito de las Landas, y he tenido la oportunidad de observar la formación de "Dunas" en gran escala. ¿Qué son esas "dunas"? Los vientos y las olas del Golfo de Vizcaya no tienen mucha conciencia, y sin embargo con gran cuidado han "seleccionado," de entre una infinidad de masas de sílex de todas las formas y tamaños, que han sido sometidas a su acción, todos los granos de arena por debajo de un cierto tamaño, y los han amontonado por sí mismos sobre un área grande. Esta arena ha sido " seleccionada inconscientemente " de [103] en medio de la grava en la que por primera vez se depositó con precisión, tanto como si el hombre hubiese " seleccionado conscientemente " con la ayuda de un tamiz. La Geología Física está llena de opciones así. Escoger separando lo suave de lo duro, lo soluble de lo insoluble, lo fusible de lo infusible, por medios naturales a los que no estamos ciertamente acostumbrados a atribuir conciencia.

Pero lo que el viento y el mar son para una playa de arena, la suma de influencias, es lo que llamamos las "condiciones de existencia", para los organismos vivos. Los débiles son desplazados por los fuertes. Una noche helada "selecciona" las plantas resistentes en una plantación de entre las tiernas tan eficazmente como si fuera el viento, y ellos, la arena y guijarros, de nuestro ejemplo; o bien, por otro lado, como si la inteligencia de un jardinero hubiese estado operando en la reducción de los organismos más débiles. El cardo, que se ha extendido por la región pampeana, destruyendo las plantas nativas, ha sido más eficazmente "seleccionado" por la operación inconsciente de las condiciones naturales que si un millar de agricultores hubieran pasado su tiempo en la siembra de la misma.

No se da cuenta Huxley del error que comete al defender así el libro de Darwin. Su « defensa » supone atribuir al viento, al mar, esa misma metáfora que Darwin atribuye a las condiciones de existencia. Los débiles son desplazados por los fuertes, viene a decir la réplica de Huxley. Y bien ¿Acaso eso es una teoría científica ?, ¿Acaso no es eso una tautología ? , ¿Cuándo alguien podrá comprobar experimentalmente que los débiles son desplazados por los fuertes ? Sí, siempre. Pero el valor de una teoría no estriba en su comprobación, sino más bien en lo contrario : en su posibilidad de ser refutada ¿Podrá alguien refutar que los débiles son desplazados por los fuertes ? Acaso no son los fuertes precisamente quienes desplazan a los débiles, es decir que lo definido es ni más ni menos que la definición. Huxley cae en los mismos juegos de palabras y personificaciones que Darwin. Es una lástima que Flourens no haya tenido tiempo de responderle o que su respuesta se haya perdido, pues la misma torpeza y falta de argumentos se da en los dos autores : Darwin y Huxley. Dicho de otro modo, si se acepta la selección natural como esa *operación inconsciente de las condiciones naturales* a la que confusamente se refiere Huxley, entonces resultará que estamos explicando la aparición de una nueva especie del mismo modo que explicamos la formación de una playa o de un acantilado, es decir que, por el intento de explicarlo todo a la vez, en definitiva no estamos explicando nada. No hay teoría científica alguna, sino verdad de Perogrullo, tautología.

Lo que argumenta Huxley es análogo a lo que dijo Darwin : Jerga. Veamos :

Es uno de los muchos y grandes servicios de Mr. Darwin a la ciencia biológica que ha demostrado la importancia de estos hechos. Ha demostrado que dada la variación y el cambio de condiciones, el resultado inevitable es el ejercicio de tal influencia sobre los organismos de modo que uno es ayudado y otro está impedido, uno tiende a predominar, [104] otro a desaparecer, y por lo tanto la vida en el mundo lleva dentro de sí misma, y está rodeado por impulsos hacia el cambio incesante.

Huxley basa su defensa, al igual que Darwin sus argumentos, en una visión general del mundo. Sus afirmaciones no tienen que ver sólo con un aspecto puntual y definido de la realidad (Ciencia) y mucho menos con un aspecto que pueda someterse a experimentación (Ciencia experimental). Por el contrario sus afirmaciones se refieren, son válidas para el Universo. Toda variación y cambio de condiciones ejercen influencia sobre todos los organismos de modo que uno es ayudado y el otro impedido. Esto no se refiere sólo a transformación de las especies. Se refiere lo mismo a especies que a poblaciones que a indivíduos, planetas, cometas, granos de arena o gotas de agua. Es una visión cósmica de la realidad, dogmática y anticientífica (pseudo-científica). Se aplica a todo el Universo una visión parcial y se ve por todas partes lo mismo: Lucha, competición (Malthus), motores de ese indudable Cambio incesante. Pretender que ese cambio incesante de Heráclito va a explicar a hora el Origen de las Especies es simplemente ridículo. Se trata más que de eso de imponer su autoridad generando la confusión, ambigüedad mediante. Huxley confunde así en una misma frase verdad, con ley y con hipótesis. Ïmplicita está la confusión con hecho, y con teoría:

Pero las verdades que acabamos de exponer son tan ciertas como cualesquiera otras leyes físicas, independientemente de la verdad o falsedad de la hipótesis que el señor Darwin ha basado en ellas ; y que M.Flourens, dejando de lado de la sustancia y aferrándose a una sombra, permanece ciego ante la exposición admirable de ellos, que el señor Darwin ha dado, y no ve nada allí, excepto un "dernière erreur du dernier siècle", una personificación de la Naturaleza, y nos conduce de hecho a gritar con él: "¡Oh lucidité O solidité! de l'esprit Français, Que devenez-vous? "

Al contrario de lo indicado en este párrafo, es Flourens quien acierta al ver el error en la personificación de la naturaleza. Son Darwin y Huxley quienes se aferran a una sombra.

Para disimularlo, el discurso de Huxley aumenta el nivel de agresividad en cada párrafo, a la vez que sigue confundiendo los términos (ahora se añaden los principios y la doctrina al conjunto de conceptos confusos que antes escribió : verdad, ley e hipótesis) :

M. Flourens, de hecho, fracasó totalmente en comprender los <u>principios básicos</u> de la <u>doctrina</u> que tan groseramente asalta. Sus objeciones a los detalles son del tipo viejo, tan maltratados y trillados en este lado del Canal, que ni siquiera un Quarterly Reviewer podría ser inducido a recogerlos con el propósito de desollar al Sr. Darwin otra vez. Tenemos a Cuvier y a las momias; M. Roulin y los animales domésticos de los Estados Unidos, las dificultades presentadas por el hibridismo y la paleontología; darwinismo una recomposición de De Maillet y Lamarck; darwinismo un sistema sin un comienzo, y su autor obligado a creer en M. Pouchet, & c. & c. ...

Hasta alcanzar el paroxismo en el tono del último párrafo:

Un lenguaje como el que hemos citado es, de hecho, tan absurdo, tan absolutamente incompatible con cualquier cosa salvo con la ignorancia más absoluta de algunos de los hechos mejor comprobados, que deberíamos haberlo pasado por alto en silencio si no hubiera aparecido para dar alguna clave sobre la repudiación a. priori, y sin vacilaciones de todas las formas de la doctrina de la modificación progresiva de los seres vivos por M. Flourens. Aquel cuya mente permanezca no influida por el conocimiento de los fenómenos de desarrollo, debe carecer de hecho de uno de los principales motivos para el esfuerzo por trazar una relación genética entre las diferentes formas de vida existentes. Aquellos que son ignorantes en Geología, no encontrarán ninguna dificultad en creer que el mundo fue hecho tal como es; y el pastor, ignorante de la historia, no ve ninguna razón para considerar los montículos verdes que indican el sitio de un campamento romano, como otra cosa que no parte integrante de la ladera de la colina primigenia. Así M. Flourens, que cree que los embriones se forman "tout d'un coup" naturalmente no encuentra ninguna dificultad en concebir que las especies llegaron a existir en la misma forma.

Es decir que si Flourens acusaba a Darwin de un lenguaje falso ahora Huxley lo defiende atribuyendo a Flourens un lenguaje falso. La retórica de Huxley apunta a su falta de argumentos:

Aquel cuya mente permanezca no influida por el conocimiento de los fenómenos de desarrollo, debe carecer de hecho de uno de los principales motivos para el esfuerzo por trazar una relación genética entre las diferentes formas de vida existentes. Aquellos que son ignorantes en Geología, no encontrarán ninguna dificultad en creer que el mundo fue hecho tal como es; y el pastor, ignorante de la historia, no ve ninguna razón para considerar los montículos verdes que indican el sitio de un campamento romano, como otra cosa que no parte integrante de la ladera de la colina primigenia. Así M. Flourens, que cree que los embriones se forman "tout d'un coup" naturalmente no encuentra ninguna dificultad en concebir que las especies llegaron a existir en la misma forma.

Pero no se da cuenta de que los aspectos centrales de la crítica de Flourens han permanecido intactos en su réplica. Intactos quedan los siguientes puntos:

1. Desconocimiento de aspectos elementales de Historia Natural.

2. Falta de originalidad : Darwin copia de Lamarck.
3. Eugenesia, esa peligrosa doctrina social que se encuentra detrás de la Supervivencia de los más aptos.

Huxley ha centrado su defensa de Darwin en la cuestión del lenguaje. Aunque acusa a Flourens de utilizar un lenguaje absurdo, no ha conseguido refutar los inconvenientes suscitados por el examen que éste hace de la obra de Darwin. Para refutar la crítica de Flourens, Huxley debería convencer a sus lectores de que en realidad Darwin aporta una teoría científica nueva en El Origen de las Especies. Pero la Selección Natural, Supervivencia de los más aptos es una tautología. Flourens estaba acertado en su crítica y los cuatro puntos en los que ésta se basaba permanecen en pie tras la réplica de Huxley. Tres de ellos intactos puesto que Huxley ni siquiera se ha tomado la molestia de referirse a ellos. Respecto del punto restante (abuso del lenguaje), Huxley no ha podido tampoco defender a Darwin: La Selección Natural no existe sino es como una personificación (entidad imaginaria) y mucho menos sirve como teoría científica alguna.

La crítica de Darwin que Flourens hizo en su libro aguanta incólume la réplica de Huxley. Los juegos de palabras, los insultos y la grandilocuencia no tienen poder alguno frente al rigor de la argumentación científica. Algo parecido ocurre con la cuestión del origen de las especies después del libro de Darwin. No en vano, en su obra Les Transformations du Monde Animal (1929 ; Flammarion, Paris) Charles Depéret dijo :

Sera-t-il trop severe de conclure que, paléontologiquement du moins, la question de l'Origine des espèces demeurait entière?

(¿Será demasiado severo concluir que, al menos paleontológicamente, la cuestión del origen de las especies permanece intacta?)

Pero la respuesta es un No rotundo. No podemos afirmar con Depéret que la cuestión del origen de las especies permanezca intacta después de Darwin. Al contrario, afirmamos con Flourens que la cuestión del origen de las especies permanece, desde entonces, sumida en una confusión mucho mayor que estaba antes. En parte, por los esfuerzos que acabamos de ver dirigidos a hacer pasar una tautología, un juego de palabras por teoría científica.

Para terminar, volvemos a Unamuno quien en su discusión con Millán Astray en el Paraninfo de la Universidad de Salamanca pronunció la conocida frase : « Vencerán pero no convencerán » sabiendo que, entre militares, es lícito considerar dos debates : uno argumental mediante el que se convence al adversario y otro, el de las armas, mediante el que se le vence. En este caso, en el debate que acabamos de analizar entre Darwin y Huxley por un lado y Flourens, por otro, no cabe invocar a las armas. Tampoco la arrogancia, el insulto o los fuegos de artificio verbales. Ni Darwin y Huxley, por un lado; ni Flourens por otro, vencerán. En ciencia no se trata de vencer sino simplemente de convencer. Así, al referirnos a los argumentos expuestos en el Origen de las Especies y luego defendidos en sus réplicas, deberíamos cambiar la frase de Unamuno por otra que, sin querer, resulta más definitiva: No convencerán. La obra de Flourens, enterrada durante ciento cincuenta años en los fondos de ls Biblioteca Nacional de Francia, resucita ahora con un sorprendente vigor.

Apéndice 1. Datos Biográficos de Pierre Flourens.

Nacido el 15 de abril de 1794 en Maureilhan, cerca de Béziers, Flourens terminó sus estudios de Medicina en la Universidad de Montpellier con diecinueve años. En París trabajó con el botánico Agustín de Candolle (1779-1841) y con el paleontólogo Georges Cuvier (1769-1832), dedicándose después durante muchos años a la neurofisiología. En el apéndice 2 se recogen algunas publicaciones de este autor que fue miembro de l'Académie des Sciences de France desde 1828 y su secretario permanente (Secrétaire perpétuel) entre los años de 1833 y 1868.

En 1833, fue nombrado profesor de anatomía en el Colegio de Francia y en 1838, diputado por la comuna de Béziers. Elegido miembro de la Academia Francesa en 1840, en lugar de Víctor Hugo (1802-1885), recibió la Légion d'honneur en 1845. Se retiró completamente de la vida política en 1848 y aceptó la cátedra de Historia Natural en el Colegio de Francia en 1855.

En sus primeros trabajos experimentales estudió la función del laberinto vestibular del oído en palomas mediante la extirpación de los canales semicirculares. Al seccionar el canal semicircular, encontró movimientos anómalos de la cabeza. Al cortar las fibras nerviosas a estos órganos no se vio afectada la audición, que se suspendió cuando se cortó la papila basilar. Flourens propuso que los canales semicirculares están involucrados en el mantenimiento de la postura y equilibrio. Se formuló la hipótesis de que una lesión en los canales semicirculares era responsable de la anteriormente descrita sintomatología vestibular.

Flourens es reconocido como un pionero de la teoría moderna de la función cerebral, según la cual el cerebro actúa como unidad funcional, aunque determinadas funciones son controladas por partes específicas. Llegó a esta teoría utilizando métodos de ablación y estimulación y realizando muchas investigaciones experimentales con mamíferos, especialmente conejos y palomas. La extracción del cerebelo conducía a la pérdida del sentido del equilibrio y a la falta de coordinación muscular del animal. Al separar los hemisferios cerebrales se interrumpían todas las funciones cognitivas en las palomas. Propuso Flourens que la corteza cerebral, el cerebelo y el tronco del encéfalo funcionan a nivel global como un conjunto completo, equipotencial y coordinado con todas las demás partes. Flourens avanzó en la obra de Julien-Cesar Legallois (1770-1814) sobre las funciones de control respiratorio del bulbo raquídeo. Informó que la médula es responsable de las funciones vitales, como la circulación y la respiración. Observó que la eliminación de la médula oblonga resulta en la muerte de la animal.

Franz Joseph Gall (1758-1825) había desarrollado la frenología. Sus principios eran que el cerebro es el órgano de la mente, y que consiste en unidades funcionales independientes. Distintas áreas se consideraban responsables de las diferentes aptitudes intelectuales y rasgos del carácter, y estas diferencias se encontrarían reflejadas en el hueso del cráneo. Flourens rechazó esta teoría desafiando la opinión localizacionista de Gall. La teoría básica de la frenología, que la personalidad está determinada por la forma del cráneo, se rechaza ahora por incorrecta.

Además de sus estudios neurofisiológicos, Flourens describió las propiedades anestésicas del cloroformo y del acetato de cloruro. Entre sus alumnos destacan Edmé Félix Alfred Vulpian (1826-1887) y Gabriel Gustav Valentin (1810-1883) que hicieron importantes contribuciones a la neurología. Flourens murió en Montgeron, cerca de París, en 1867 dejando numerosos artículos y libros. El apéndice 2, a continuación, contiene una lista de sus principales obras.

Apéndice 2. Algunas obras de Pierre Flourens

1825. Expériences sur le système nerveux: faisant suite aux Recherches expérimentales sur les propriétés et les fonctions du système nerveux dans les animaux vertébrés. Crevot, Paris.

1826. De la délimitation de l'effet croisé dans le système nerveux (8pp). Migneret, Paris.

1830. Expériences sur les canaux semicirculaires de 1'oreille. Mém Acad Sci. 9455–475.

1836. L'ovologie et l'embryologie. Cours sur la génération... fait au museum d'histoire naturelle en 1836. Livrairie de Trincart, Paris.

1841. Analyse raisonnée des travaux de G. Cuvier. Paulin, Paris.

1841. Résumé analytique des observations de Frédéric Cuvier sur l'Instinct et l'Intelligence des animaux. Ch. Pitois, Paris.

1842. Recherches sur le développement des os et des dents. Examen de la phrénologie. Gide, Paris.

1842. Recherches expérimentales sur les propriétés et les fonctions du système nerveux dans les animaux vertébrés. Crevot Paris:

http://books.google.es/books?id=WgoOAAAAQAAJ&pg=PA214&lpg=PA214&dq=Re cherches+sur+les+propri%C3%A9t%C3%A9s+et+les+fonctions+du+grand+sympathiq ue&source=bl&ots=YYPAzi0QKI&sig=GRzpDC__5H4F9zTcGTPYiL2uXNs&hl=es&s a=X&ei=EPEhUYuSJYO0hAfxu4CADw&ved=0CDIQ6AEwAA#v=onepage&q=Reche rches%20sur%20les%20propri%C3%A9t%C3%A9s%20et%20les%20fonctions%20du%2 0grand%20sympathique&f=false

1844. Mémoires d'anatomie et de physiologie comparées. Baillière, Paris.

1844. Buffon, histoire de ses travaux et de ses idées. Paulin, Paris

http://books.google.es/books?id=gIc_bHcA4jwC&printsec=frontcover&hl=es&source= gbs_ge_summary_r&cad=0#v=onepage&q&f=false

1845. Cuvier, histoire de ses travaux et de ses idées. Paulin, Paris

1845. Anatomie générale de la peau et des membranes muqueuses. Gide, Paris.

1847. Théorie expérimentale de la formation des os. Baillière, Paris.

1847. Fontenelle, ou de la philosophie moderne relativement aux sciences physiques. Paulin, Paris.

1847. Note touchant l'action de l'éther sur les centres nerveux. CR Acad Sci Paris. 24340–344.

1851. Recherches sur le développement des os et des dents. Examen de la phrénologie. Hachette, Paris.

1855. De la longévité humaine et de la quantité de vie sur le globe. Garnier frères, Paris.

1856. Cours de physiologie comparée. Maltéste et cie. Paris.

1857. Histoire de la découverte de la circulation du sang. De la longévité humaine et de la quantité de vie sur le globe. Garnier frères, Paris.

1857. Recueil des Éloges historiques lus dans les seances publiques de l'Académie des Sciences, 3 vol. Garnier frères, Paris.

http://books.google.es/books?id=tu44AAAAMAAJ&printsec=frontcover&hl=es&source=gbs_ge_summary_r&cad=0#v=onepage&q&f=false

1858. De la vie et de l'intelligence. Garnier frères, Paris.

1858. Histoire des travaux de G. Cuvier. Garnier frères, Paris.

1860. De la raison, du génie et de la folie. Garnier frères, Paris.

1860. Des manuscrits de Buffon. Garnier frères, Paris.

1861. De l'instinct et de l'intelligence des animaux. Garnier frères, Paris.

1863. De la phrenologie et des études vraies sur le cerveau. Garnier frères, Paris.

1864. Examen du livre de M. Darwin sur l'origine des espèces. Garnier frères, Paris.

1864. Ontologie naturelle ou étude philosophique des êtres. Garnier frères, Paris.

1865. De L'Unité de Composition et du Débat Entre Cuvier et Geoffroy Saint-Hilaire. Garnier frères, Paris.

Apéndice 3 : Respuesta de Huxley al libro de Flourens publicado en *The Natural History Review* de 1865

En español :

Fuerte y libremente como nos hemos aventurado a estar en desacuerdo con el profesor Kölliker, siempre lo hemos hecho con pesar, y confiamos en que sin violar el debido respeto, no sólo a su eminencia científica y al cuidadoso estudio que tiene [98] dedicado al sujeto, sino a la justicia perfecta de su argumentación, y la generosa apreciación del valor de las labores de Mr. Darwin que él siempre muestra. Sería satisfactorio poder decir lo mismo de M. Flourens.

Pero el secretario perpetuo de la Academia Francesa de las Ciencias trata a Mr. Darwin como el primer Napoleón habría tratado a un "ideólogo", y mientras muestra una dolorosa debilidad en su lógica y superficialidad de su información, asume un tono de autoridad, que siempre toca el ridículo, y a veces pasa los límites de la buena educación.

Por ejemplo:

"M. Darwin continue: 'Aucune distinction absolue n'a été et ne pout être établie entre les espèces et les variétés.' Je vous ai déjà dit que trompiez; une distinction absolue sépare les varietes d'avec les espèces."

"Je vous ai déjàdit; moi, M. le Secrétaire perpétuel de l'Académie des Sciences: et vous

"'Qui n'êtes rien. Pas même Académicien; what do you mean by asserting the contrary?"

Estando desprovistos de la bendición de una Academia en Inglaterra, no estamos acostumbrados a ver a nuestros hombres más capaces tratados de esta manera, incluso por un "Secretario Perpetuo".

O también, teniendo en cuenta que si hay alguna cualidad del trabajo del Sr. Darwin por la que los amigos y enemigos por igual hayan dado testimonio, es su franqueza y [99] la equidad en la admisión y para discutir las objeciones, lo que se ha pensado en M. Flourens la afirmación, que

"M. Darwin ne cite que les auteurs qui partagent ses opinions." (P. 40.)

Una vez más (p. 65):–

"Enfin l'ouvrage de M. Darwin a paru. On ne peut qu'être frappé du talent de l'auteur. Mais que d'idées obscures, que d'idées fausses! Quel jargon métaphysique jeté mal à propos dans l'histoire naturelle, qui tombe dans le galimatias dès qu'elle sort des idées claires, des idées justes! Quel langage prétentieux et vide! Quelles personnifications puériles et surnanées! O lucidité! O solidité de l'esprit Français, que devenez-vous?"

« Ideas Obscuras », "jerga metafísica", "lenguaje pretencioso y vacío", "personificaciones pueriles y anticuadas". El Sr. Darwin tiene muchos y enconados opositores en este lado del

Canal y en Alemania, pero no recuerdo haber encontrado precisamente estos pecados en el largo catálogo de los hasta ahora establecidos a su cargo. Vale la pena, por lo tanto, examinar estos descubrimientos efectuados únicamente con la ayuda de la "lucidez y solidez" de la mente de M. Flourens.

Según M. Flourens, el gran error Mr. Darwin es que ha personificado la Naturaleza (p. 10), y además que él ha

"imaginado una selección natural: se imagina después de que este poder de seleccionar (pouvoir d'Elire), que da a la Naturaleza es similar al poder del hombre Estas dos suposiciones ad [100] cometidos, nada lo detiene: juega con la Naturaleza como a él le gusta, y le hace hacer todo lo que quiera. "(P. 6)

Y de esta manera el señor Flourens acaba con la selección natural :

"Voyons donc encore une fois, ce qu'il peut y avoir de fondé dans ce qu'on nomme élection naturelle.

"L'élection naturelle n'est sous un autre nom que la nature. Pour un être organisé, la nature n'est que l'organisation, ni plus ni moins.

"Il faudra donc aussi personnifier l'organisation, et dire que l'organisation choisit l'organisation. L'élection naturelle est cette forme substantielle dont on jouait autrefois avec tant de facilité. Aristote disait que 'Si l'art de bâtir était dans le bois, cet art agirait comme la nature.' A la place de l'art de bâtir M. Darwin met l'élection naturelle, et c'est tout un: l'uin n'est pas plus chimérique que l'autre." (P.31.)

Y esto es realmente todo lo que M. Flourens puede hacer de la selección natural. Hemos dado la versión original, en el temor de que la traducción fuese considerada como una parodia, pero con el original ante el lector, podemos tratar de analizar el pasaje. "Para un ser organizado, la Naturaleza es sólo organización, ni más ni menos."

Los seres organizados entonces no tienen absolutamente ninguna relación con la naturaleza inorgánica: una planta no dependerá del suelo o del sol, del clima, de la profundidad en el mar, de la altura por encima de ella, la cantidad de materias salinas en el agua no influirá sobre la vida animal; la sustitución de ácido carbónico por oxígeno en nuestra atmósfera no haría daño a nadie! Que estos son absurdos nadie debe saber mejor [101] que M Flourens.; y sin embargo son deducciones lógicas de la afirmación citada, y a partir de la afirmación que la selección natural sólo significa " que la organización elige y selecciona organización ».

Porque si es una vez admitido (lo que ningún hombre cuerdo niega) que las posibilidades de vida de cualquier organismo dado se incrementan en determinadas condiciones (A) y disminuyen por sus opuestos (B), entonces es matemáticamente cierto que cualquier cambio de las condiciones en la dirección de (A), ejercerán una influencia selectiva a favor de ese organismo, tendiendo a su aumento y multiplicación, mientras que cualquier cambio en la dirección de (B), ejercerá una influencia selectiva en contra de ese organismo, tendiendo a su disminución y la extinción.

O, por otro lado, si las condiciones permanecen inalteradas, dejando que un organismo dado varíe (y nadie duda de que varíe) en dos direcciones: en una sola forma (a) mejor equipado para hacer frente a estas condiciones que la población original, y una segunda forma (b) menos adaptada a ellas. Entonces, no es menos cierto que las condiciones en cuestión deben ejercer una influencia selectiva en favor de (a) y en contra de (b), de modo que (a) tenderá al predominio, y (b) a la extinción.

Que M. Flourens sea incapaz de percibir la necesidad lógica de estos argumentos simples, que se encuentran en la base de todo el razonamiento del señor Darwin, que confunda una deducción irrefragable [102] de las relaciones observadas en los organismos a las condiciones que se encuentran a su alrededor, con una metafísica "substantielle forme", o una personificación quimérica de los poderes de la naturaleza, sería increíble si no fuera porque otros pasajes de su obra no dejan lugar a dudas sobre el tema.

"On imagine une élection naturelle que, pourplus de ménagement, on me dit être inconsciente, sans s'apercevoir que le contresens littéral est précisément là: élection inconsciente." (P. 52.)

"J'ai déjà dit ce qu'il faut penser de l'élection naturelle. Ou l'élection naturelle n'est rien, ou c'est la nature: mais la nature douée d'élection, mais la nature personnifiée: dernière erreur du dernier siècle: Le xixe fait plus de personnifications." (P. 53.)

M. Flourens, no puede imaginar una selección inconsciente-es para él una contradicción en los términos. ¿Habrá visitado M. Flourens nunca, uno de los más bonitos lugares acuáticos de "la belle France", la Bahía de Arcachon? Si es así, probablemente han pasado por el distrito de las Landas, y he tenido la oportunidad de observar la formación de "Dunas" en gran escala. ¿Qué son esas "dunas"? Los vientos y las olas del Golfo de Vizcaya no tienen mucha conciencia, y sin embargo con gran cuidado han "seleccionado," de entre una infinidad de masas de sílex de todas las formas y tamaños, que han sido sometidas a su acción, todos los granos de arena por debajo de un cierto tamaño, y los han amontonado por sí mismos sobre un área grande. Esta arena ha sido " seleccionada inconscientemente " de [103] en medio de la grava en la que por primera vez se depositó con precisión, tanto como si el hombre hubiese " seleccionado conscientemente " con la ayuda de un tamiz. La Geología Física está llena de opciones así. Escoger separando lo suave de lo duro, lo soluble de la insoluble, lo fusible de lo infusible, por medios naturales a los que no estamos ciertamente acostumbrados a atribuir conciencia.

Pero lo que el viento y el mar son para una playa de arena, la suma de influencias, es lo que llamamos las "condiciones de existencia", para los organismos vivos. Los débiles son desplazados por los fuertes. Una noche helada "selecciona" las plantas resistentes en una plantación de entre las tiernas tan eficazmente como si fuera el viento, y ellos, la arena y guijarros, de nuestro ejemplo; o bien, por otro lado, como si la inteligencia de un jardinero hubiese estado operando en la reducción de los organismos más débiles. El cardo, que se ha extendido por la región pampeana, destruyendo las plantas nativas, ha sido más eficazmente "seleccionado" por la operación inconsciente de las condiciones naturales que si un millar de agricultores hubieran pasado su tiempo en la siembra de la misma.

Es uno de los muchos y grandes servicios de Mr. Darwin a la ciencia biológica que ha demostrado la importancia de estos hechos. Ha demostrado que dada la variación y el cambio de condiciones, el resultado inevitable es el ejercicio de tal influencia sobre los organismos de modo que uno es ayudado y otro está impedido, uno tiende a predominar, [104] otro a desaparecer, y por lo tanto la vida en el mundo lleva dentro de sí misma, y está rodeado por impulsos hacia el cambio incesante.

Pero las verdades que acabamos de exponer son tan ciertas como cualesquiera otras leyes físicas, independientemente de la verdad o falsedad de la hipótesis que el señor Darwin ha basado en ellas ; y que Flourens M., dejando de lado de la sustancia y aferrándose a una sombra, permanece ciego ante la exposición admirable de ellos, que el señor Darwin ha dado, y no ve nada allí, excepto un "dernière erreur du dernier siècle", una personificación de la Naturaleza, y nos conduce de hecho a gritar con él: "¡Oh lucidité O solidité! de l'esprit Français, Que devenez-vous? "

M. Flourens, de hecho, fracasó totalmente en comprender los principios básicos de la doctrina que tan groseramente asalta. Sus objeciones a los detalles son del tipo viejo, tan maltratados y trillados en este lado del Canal, que ni siquiera un Quarterly Reviewer podría ser inducido a recogerlos con el propósito de desollar al Sr. Darwin otra vez. Tenemos a Cuvier y a las momias; M. Roulin y los animales domésticos de los Estados Unidos, las dificultades presentadas por el hibridismo y la paleontología; darwinismo una recomposición de De Maillet y Lamarck, darwinismo un sistema sin un comienzo, y su autor obligado a creer en M. Pouchet, & c. & c. ¿Cómo se sabe todo de memoria, y con qué alivio se lee en la pág. 65 -

"Je laisse M. Darwin!"

Pero nosotros no podemos dejar a M. Flourens sin llamar la atención de nuestros lectores sobre su décimo capítulo maravilloso ", De la preexistence des Germes et de l'Epigénèse", que empieza así:

"La Generación espontánea es sólo una quimera. Establecido este punto, quedan dos hipótesis: La de pre-existencia y la de La epigénesi. Cada una de estas hipótesis tiene tan poco fundamento como la otra". (P. 163).

"La doctrina de la epigénesis se deriva de Harvey: tras una inspección ocular el desarrollo del nuevo ser en el ciervo de Windsor, vio que cada parte aparece sucesivamente, y tomando el momento de la aparición por el momento de la formación se imaginó la epigénesis". (P. 165.)

Por el contrario, dice M. Flourens (p. 167),

"El nuevo ser se forma de golpe (tout d'un coup) como un todo, instantáneamente; no se forma parte por parte, y en diferentes momentos. Se forma de una vez en el sencillo momento en el que tiene lugar la conjunción de los elementos macho y hembra ".

Se observará que M. Flourens usa un lenguaje que no puede estar equivocado. Para él, los trabajos de von Baer, de Rathke, de Coste, y sus contemporáneos y sucesores en Alemania, Francia e Inglaterra, son inexistentes, y, como Darwin "imagina" la selección natural, por lo que Harvey "imagina" que la doctrina lo que le da un crédito mayor a la veneración de la posteridad de su descubrimiento más conocido de la circulación de la sangre.

Un lenguaje como el que hemos citado es, de hecho, tan absurdo, tan absolutamente incompatible con cualquier cosa salvo con la ignorancia más absoluta de algunos de los hechos mejor comprobados, que deberíamos haberlo pasado por alto en silencio si no hubiera aparecido para dar alguna clave sobre la repudiación a. priori, y sin vacilaciones de todas las formas de la doctrina de la modificación progresiva de los seres vivos por M. Flourens. Aquel cuya mente permanezca no influida por el conocimiento de los fenómenos de desarrollo, debe carecer de hecho de uno de los principales motivos para el esfuerzo por trazar una relación genética entre las diferentes formas de vida existentes. Aquellos que son ignorantes en Geología, no encontrarán ninguna dificultad en creer que el mundo fue hecho tal como es; y el pastor, ignorante de la historia, no ve ninguna razón para considerar los montículos verdes que indican el sitio de un campamento romano, como otra cosa que no parte integrante de la ladera de la colina primigenia. Así M. Flourens, que cree que los embriones se forman "tout d'un coup" naturalmente no encuentra ninguna dificultad en concebir que las especies llegaron a existir en la misma forma.

En inglés :

Strongly and freely as we have ventured to disagree with Professor Kölliker, we have always done so with regret, and we trust without violating that respect which is due, not only to his scientific eminence and to the careful study which he has [98] devoted to the subject, but to the perfect fairness of his argumentation, and the generous appreciation of the worth of Mr. Darwin's labours which he always displays. It would be satisfactory to be able to say as much for M. Flourens.

But the Perpetual Secretary of the French Academy of Sciences deals with Mr. Darwin as the first Napoleon would have treated an "ideologue;" and while displaying a painful weakness of logic and shallowness of information, assumes a tone of authority, which always touches upon the ludicrous, and sometimes passes the limits of good breeding.

For example (p. 56):–

"M. Darwin continue: 'Aucune distinction absolue n'a été et ne pout être établie entre les espèces et les variétés.' Je vous ai déjà dit que trompiez; une distinction absolue sépare les varietes d'avec les espèces."

"Je vous ai déjàdit; moi, M. le Secrétaire perpétuel de l'Académie des Sciences: et vous

"'Qui n'êtes rien. Pas même Académicien; what do you mean by asserting the contrary?"

Being devoid of the blessings of an Academy in England, we are unaccustomed to see our ablest men treated in this fashion, even by a "Perpetual Secretary."

Or again, considering that if there is any one quality of Mr. Darwin's work to which friends and foes have alike borne witness, it is his candour and [99] fairness in admitting and discussing objections, what is to be thought of M. Flourens' assertion, that

"M. Darwin ne cite que les auteurs qui partagent ses opinions." (P. 40.)

Once more (p. 65):–

"Enfin l'ouvrage de M. Darwin a paru. On ne peut qu'être frappé du talent de l'auteur. Mais que d'idées obscures, que d'idées fausses! Quel jargon métaphysique jeté mal à propos dans l'histoire naturelle, qui tombe dans le galimatias dès qu'elle sort des idées claires, des idées justes! Quel langage prétentieux et vide! Quelles personnifications puériles et surnanées! O lucidité! O solidité de l'esprit Français, que devenez-vous?"

"Obscure ideas," "metaphysical jargon," "pretentious and empty language," "puerile and superannuated personifications." Mr. Darwin has many and hot opponents on this side of the Channel and in Germany, but we do not recollect to have found precisely these sins in the long catalogue of those hitherto laid to his charge. It is worth while, therefore, to examine into these discoveries effected solely by the aid of the "lucidity and solidity" of the mind of M. Flourens.

According to M. Flourens, Mr. Darwin's great error is that he has personified Nature (p. 10), and further that he has

"imagined a natural selection: he imagines afterwards that this power of selecting (pouvoir d'élire) which he gives to Nature is similar to the power of man. These two suppositions ad[100]mitted, nothing stops him: he plays with Nature as he likes, and makes her do all he pleases." (P. 6.)

And this is the way M. Flourens extinguishes natural selection:

"Voyons donc encore une fois, ce qu'il peut y avoir de fondé dans ce qu'on nomme élection naturelle.

"L'élection naturelle n'est sous un autre nom que la nature. Pour un être organisé, la nature n'est que l'organisation, ni plus ni moins.

"Il faudra donc aussi personnifier l'organisation, et dire que l'organisation choisit l'organisation. L'élection naturelle est cette forme substantielle dont on jouait autrefois avec tant de facilité. Aristote disait que 'Si l'art de bâtir était dans le bois, cet art agirait comme la nature.' A la place de l'art de bâtir M. Darwin met l'élection naturelle, et c'est tout un: l'uin n'est pas plus chimérique que l'autre." (P.31.)

And this is really all that M. Flourens can make of Natural Selection. We have given the original, in fear lest a translation should be regarded as a travesty; but with the original before the reader, we may try to analyse the passage. "For an organised being, Nature is only organisation, neither more nor less."

Organised beings then have absolutely no relation to inorganic nature: a plant does not, depend on soil or sunshine, climate, depth in the ocean, height above it; the quantity of saline matters in water have no influence upon animal life; the substitution of carbonic acid for oxygen in our atmosphere would hurt nobody! That these are absurdities no one should know better [101] than M. Flourens; but they are logical deductions from the assertion just quoted, and from the further statement that natural selection means only that "organisation chooses and selects organisation."

For if it be once admitted (what no sane man denies) that the chances of life of any given organism are increased by certain conditions (A) and diminished by their opposites (B), then it is mathematically certain that any change of conditions in the direction of (A) will exercise a selective influence in favour of that organism, tending to its increase and multiplication, while any change in the direction of (B) will exercise a selective influence against that organism, tending to its decrease and extinction.

Or, on the other hand, conditions remaining the same, let a given organism vary (and no one doubts that they do vary) in two directions: into one form (a) better fitted to cope with these conditions than the original stock, and a second (b) less well adapted to them. Then it is no less certain that the conditions in question must exercise a selective influence in favour of (a) and against (b), so that (a) will tend to predominance, and (b) to extirpation.

That M. Flourens should be unable to perceive the logical necessity of these simple arguments, which lie at the foundation of all Mr. Darwin's reasoning; that he should confound an irrefragable [102] deduction from the observed relations of organisms to the conditions which lie around them, with a metaphysical "forme substantielle," or a chimerical personification of the powers of Nature, would be incredible, were it not that other passages of his work leave no room for doubt upon the subject.

"On imagine une élection naturelle que, pourplus de ménagement, on me dit être inconsciente, sans s'apercevoir que le contresens littéral est précisément là: élection inconsciente." (P. 52.)

"J'ai déjà dit ce qu'il faut penser de l'élection naturelle. Ou l'élection naturelle n'est rien, ou c'est la nature: mais la nature douée d'élection, mais la nature personnifiée: dernière erreur du dernier siècle: Le xixe fait plus de personnifications." (P. 53.)

M. Flourens cannot imagine an unconscious selection—it is for him a contradiction in terms. Did M. Flourens ever visit one of the prettiest watering-places of "la belle France," the Baie d'Arcachon? If so, he will probably have passed through the district of the Landes, and will have had an opportunity of observing the formation of "dunes" on a grand scale. What are these "dunes"? The winds and waves of the Bay of Biscay have not much consciousness, and yet they have with great care "selected," from among an infinity of masses of silex of all shapes and sizes, which have been submitted to their action, all the grains of sand below a certain size, and have heaped them by themselves over a great area. This sand has been "unconsciously selected" from [103] amidst the gravel in which it first lay with as much precision as if man had "consciously selected" it by the aid of a sieve. Physical Geology is full of such selections—of the picking out of the soft from the hard, of the soluble from the insoluble, of the fusible from the infusible, by natural agencies to which we are certainly not in the habit of ascribing consciousness.

But that which wind and sea are to a sandy beach, the sum of influences, which we term the "conditions of existence," is to living organisms. The weak are sifted out from the strong. A frosty night "selects" the hardy plants in a plantation from among the tender ones as effectually as if it were the wind, and they, the sand and pebbles, of our illustration; or, on the other hand, as if the intelligence of a gardener had been operative in cutting the weaker organisms down. The thistle, which has spread over the Pampas, to the destruction of native plants, has been more effectually "selected" by the unconscious operation of natural conditions than if a thousand agriculturists had spent their time in sowing it.

It is one of Mr. Darwin's many great services to Biological science that he has demonstrated the significance of these facts. He has shown that—given variation and given change of conditions—the inevitable result is the exercise of such an influence upon organisms that one is helped and another is impeded; one tends to predominate, [104] another to disappear; and thus the living world bears within itself, and is surrounded by, impulses towards incessant change.

But the truths just stated are as certain as any other physical laws, quite independently of the truth, or falsehood, of the hypothesis which Mr. Darwin has based upon them; and that M. Flourens, missing the substance and grasping at a shadow, should be blind to the admirable exposition of them, which Mr. Darwin has given, and see nothing there but a "dernière erreur du dernier siècle "—a personification of Nature—leads us indeed to cry with him: "O lucidité! O solidité de l'esprit Français, que devenez-vous?"

M. Flourens has, in fact, utterly failed to comprehend the first principles of the doctrine which he assails so rudely. His objections to details are of the old sort, so battered and hackneyed on this side of the Channel, that not even a Quarterly Reviewer could be induced to pick them up for the purpose of pelting Mr. Darwin over again. We have Cuvier and the mummies; M. Roulin and the domesticated animals of America; the difficulties presented by hybridism and by Palæontology; Darwinism a rifacciamento of De Maillet and Lamarck; Darwinism a system without a commencement, and its author bound to believe in M. Pouchet, &c. &c. How one knows it all by heart, and with what relief one reads at p. 65—

"Je laisse M. Darwin!"

[105] But we cannot leave M. Flourens without calling our readers' attention to his wonderful tenth chapter, "De la Préexistence des Germes et de l'Epigénèse," which opens thus:–

"Spontaneous generation is only a chimæra. This point established, two hypotheses remain: that of pre-existence and that of epigenesis. The one of these hypotheses has as little foundation as the other." (P. 163.)

"The doctrine of epigenesis is derived from Harvey: following by ocular inspection the development of the new being in the Windsor does, he saw each part appear successively, and taking the moment of appearance for the moment of formation he imagined epigenesis." (P. 165.)

On the contrary, says M. Flourens (p. 167),

"The new being is formed at a stroke (tout d'un coup) as a whole, instantaneously; it is not formed part by part, and at different times. It is formed at once at the single individual moment at which the conjunction of the male and female elements takes place."

It will be observed that M. Flourens uses language which cannot be mistaken. For him, the labours of von Baer, of Rathke, of Coste, and their contemporaries and successors in Germany, France, and England, are non-existent: and, as Darwin "imagina" natural selection, so Harvey "imagina" that doctrine which gives him an even greater claim to the veneration of posterity than his better known discovery of the circulation of the blood.

Language such as that we have quoted is, in fact, so preposterous, so utterly incompatible with [106] anything but absolute ignorance of some of the best established facts, that we should have passed it over in silence had it not appeared to afford some clue to M. Flourens' unhesitating, a priori, repudiation of all forms of the doctrine of progressive modification of living beings. He whose mind remains uninfluenced by an acquaintance with the phænomena of development, must indeed lack one of the chief motives towards the endeavour to trace a genetic relation between the different existing forms of life. Those who are ignorant of Geology, find no difficulty in believing that the world was made as it is; and the shepherd, untutored in history, sees no reason to regard the green mounds which indicate the site of a Roman camp, as aught but part and parcel of the primæval hill-side. So M. Flourens, who believes that embryos are formed "tout d'un coup," naturally finds no difficulty in conceiving that species came into existence in the same way.

1   Die Radiolarien: eine Monographie, p. 231.

2   Space will not allow us to give Professor Kölliker's arguments in detail; our readers will find a full and accurate version of them in the Reader for August 13th and 20th, 1864.

3 If, on the contrary, we follow the analogy of the more complex forms of Agamogenesis, such as that exhibited by some Trematoda and by the Aphides, the Hyæna must produce, nonsexually, a brood of sexless Dogs, from which other sexless Dogs must proceed. At the end of a certain number of terms of the series, the Dogs would acquire sexes and generate young but these young would be, not Dogs, but Hyænas. In fact, we have demonstrated, in Agamogenetic phænomena, that inevitable recurrence to the original type, which is asserted to be true of variations in general, by Mr. Darwin's opponents; and which, if the assertion could be changed into a demonstration would, in fact, be fatal to his hypothesis.

Índice onomástico

Domínguez Berrueta, Juan

Dohrn, Anton

Ehrenberg

Epicuro

Flourens, Pierre

Fontenelle

Furon, Raymond

la Fontaine

Gall, Franz Joseph

Galton, Francis

García Calvo, Agustín

De Geer,

Geoffroy Saint-Hilaire

Goëdaert

Groeben, Christiane

Haller

Harvey

Haughton

Hérault de Séchelles

Hodge, Charles

d'Holbach

Hooker, John

Huxley, Thomas

Orwell, George

Owen, Richard

Pasteur, Louis

Pecquet

Peters, Robert Henry

Popper, Karl

Pouchet

Réaumur

Redi

Robinet

Rousseau, Jean Jacques

Royer, Clemènce

Sandín, Máximo

Sarikcioglu, Levent

Swammerdam

Trembley

Thompson, W R

Unamuno, Miguel

Valentin, Gabriel Gustav

Voltaire

Vulpian, Edmé Félix Alfred

Weissmann, August

Wilbeforce

Yildirim, Fatos Belgin

Bibliografía

http://www.academie-sciences.fr/activite/archive/dossiers/eloges/cuvier_vol3229.pdf

http://europepmc.org/articles/PMC2117745/